高粱抽穗期基因Ma_1和Ma_3的分子进化及抽穗期的QTL分析

王 燕◎著

中国农业科学技术出版社

图书在版编目（CIP）数据

高粱抽穗期基因Ma_1和Ma_3的分子进化及抽穗期的QTL分析 / 王燕著. --北京：中国农业科学技术出版社，2021.12

ISBN 978-7-5116-5631-5

Ⅰ.①高… Ⅱ.①王… Ⅲ.①高粱—抽穗期—基因—研究 Ⅳ.①S514.03

中国版本图书馆 CIP 数据核字（2021）第 263583 号

责任编辑	李　华　崔改泵
责任校对	李向荣
责任印制	姜义伟　王思文

出 版 者	中国农业科学技术出版社	
	北京市中关村南大街12号　　邮编：100081	
电　　话	（010）82109708（编辑室）（010）82109702（发行部）	
	（010）82109709（读者服务部）	
传　　真	（010）82106650	
网　　址	http：// www.castp.cn	
经 销 者	各地新华书店	
印 刷 者	北京建宏印刷有限公司	
开　　本	170 mm×240 mm　1/16	
印　　张	8.75	
字　　数	122千字	
版　　次	2021年12月第1版　　2021年12月第1次印刷	
定　　价	65.00元	

前　言

　　高粱［*Sorghum bicolor*（L.）Moench］是仅次于玉米、小麦、水稻和大麦的世界第五大粮食作物。它是一种起源于东非的热带短日照单子叶C_4植物，作为食物、饲料、纤维和燃料作物在全球范围被广泛种植。高粱具有较强的抗旱、耐盐碱和耐瘠薄等特性，对不同的生态环境具有广泛的适应性，在一些不适于多数粮食作物生长的干旱和半干旱地区占据重要地位，成为全球农业生态系统和粮食安全的重要保障。高粱的基因组较小，与甘蔗和玉米亲缘关系更近，使之成为研究C_4植物基因组结构、功能及进化的模式植物。

　　抽穗是植物由营养生长转为生殖生长的标志。抽穗期的长短可直接影响作物的种植区域及生长周期，合适的抽穗时间对提高作物产量和躲避不利生长环境具有重要作用。近百年来，全球气候正由于大气中持续增多的温室气体经历一次以变暖为主要特征的变化，气温的升高可能会使全球的降水格局发生改变，如高纬度地区冬季降水增加，同时还会导致极端气候事件发生频率增加等。这些气候变化将直接影响作物的生育进程和种植格局，进而对作物产量产生影响。因此，深入解析调控作物抽穗期的遗传基础及分子调控网络，借助遗传改良手段调整作物的抽穗期将成为应对气候变化、保障粮食和能源安全的有效途径。

　　为了进一步发掘调控高粱抽穗的基因，完善高粱抽穗分子调控网络，著者精心策划，参阅大量参考文献，基于多年科研积累和研究成果，撰写了此书。本书主要围绕调控高粱抽穗的基因定位、分子调控网络勾画以及高粱基因组测序和分子进化工作作出了归纳总结。

本书的撰写参考了国内外许多相关的教材和文献资料，借鉴了一些前沿科研成果，在此向各位前辈和同行们致以衷心的感谢。本书还得到了学校、出版社的大力支持和帮助，谨在此一并衷心感谢。本书的出版得到了滨州学院学科强基筑峰工程、中国科学院战略性先导科技专项（A类XDA26050203）、滨州学院科研基金项目《调控高粱抽穗期的基因的精细定位》（801001021601）、教育部产学协同育人项目《基于新农科背景下现代高效农业相关课程群改革与探索师资培训》（202002187012）等项目的资助。

由于时间和水平所限，书中难免有疏漏和不足之处，敬请专家和同行以及广大读者给予批评指正。

著　者

2021年10月

目　录

1

高粱基因组学及抽穗调控基因研究进展

高粱 ［*Sorghum bicolor*（L.）Moench，2n=2x=20］是仅次于玉米、小麦、水稻和大麦的世界第五大粮食作物（Paterson et al.，2009）。它是一种起源于东非的热带短日照单子叶C$_4$植物，自8 000多年前在埃塞俄比亚和苏丹被驯化后作为食物、饲料、纤维和燃料作物被广泛种植在全球范围的不同气候带内（Wang et al.，2013；Wendorf et al.，1992）。这是因为在高粱传播过程中调控抽穗的基因发生了突变，以保证它在不同光照条件下都能开花结实（Beall et al.，1991）。

抽穗期是高粱重要的农艺性状之一，通常用播种到抽穗的天数来反映抽穗期长短。合理掌控作物的抽穗期对现代育种工作的成功至关重要。随着高粱基因组测序的完成以及借助各种分子标记技术对高粱遗传图谱和物理图谱的不断完善，应用分子标记辅助选择（MAS）的遗传育种方法对抽穗期进行遗传分析，了解抽穗期的调控基因及其调控机理，进而根据人们的需要改变品种的抽穗期，对高粱生产发展具有重要意义。

1.1 高粱基因组学研究进展

1.1.1 高粱基因组SSR分子遗传连锁图谱的构建

在分子标记应用早期，RFLP标记在鉴别调控高粱重要农艺性状的相关基因区域、遗传多样性分析和比较基因组学作图等方面都起了非同凡响的作用。最早报道的高粱分子遗传连锁图谱就是由Hulbert等（1990）构建的图长度为283cM的含有36个RFLP标记和8个连锁群（LG）的遗传连锁图。

随着高粱分子标记的逐步开发和应用，SSR标记越来越多地被应用到育种工作中。与其他种类的分子标记相比，SSR标记具有重复性好、多态性高、操作快速简单等特点。起初，高粱SSR标记的开发主要是通过构建高粱基因文库，用SSR探针杂交和筛选阳性克隆然后测序的方法（Condit and Hubbell，1991）。但是这种方法既烦琐，花费又大。所以Brown等（1996）在此基础上又结合搜寻公共DNA数据库和用已经在玉米及海滨雀稗里发现的特异SSR引物扩增高粱基因组序列的方法开发了49对高粱SSR引物。随后，Taramino等（1997）利用探针扫描高粱基因组文库和搜寻数据库的方法发现了13对SSR引物，其中的7对被整合到一张他们用同样的群体构建的高粱RFLP分子遗传谱图的5个连锁群中。在2000年，Kong等利用寡聚核苷酸探针扫描51个高粱基因组文库的方法检测到了38对SSR引物，并用它们鉴定了包括一个重组自交系的亲本（BTx623×IS3620C）在内的18个高粱品种的基因型，把其中31对在两亲本之间有差异的标记整合到他们已构建的RFLP分子遗传图谱中，有效地填补了空白间隙。Bhattramakki等（2000）也是利用搜寻BAC文库和数据库的方法开发了313对SSR标记，并发表了一张长度为1 406cM的其中整合有147对SSR标记和323对RFLP标记的分子遗传图谱。在这张图谱的每个连锁群中，SSR标记的数量从8个到30个不等，有效覆盖了连锁图的75%，为以后的高粱分子育种工作做出了巨大贡献。然后他们将其中136对SSR标记整合在Menz等（2002）利用亲本为BTx623×IS3620C的重组自交系群体构建的长为1 713cM的高密度分子遗传图谱中。这张图谱至今也堪称经典，对高粱基因组学的深入研究有着重要的意义。在此之后，Schloss等（2002）和Srinivs等（2009）分别通过设计RFLP探针进而从中找寻SSR标记和在与高粱干旱胁迫相关的序列表达标记中找寻SSR标记的方法，进一步对SSR分子遗传图谱进行了补充。这些工作都是在高粱基因组序列发表之前完成的，对当时的高粱基因组学研究做出了巨大贡献。

随着高粱基因组的测序完成，越来越多的SSR标记被开发和应用，SSR分子遗传图谱日趋完整（Ramu et al.，2009；Li et al.，2009；Yonemaru et al.，2009）。到目前为止，基于临时性作图群体的高粱遗传图谱至少有14个，基于永久性作图群体的高粱遗传图谱至少有17个（王海莲等，2009）。至少有7 000个SSR标记被整合到10个连锁群中，并根据各自的序列信息被整合到高粱物理图谱的对应位置上（Ramu et al.，2010）。

我国在有关高粱基因组方面的研究相对薄弱，徐吉臣等（2001）选用以两个对寄生草抗性有差异的高粱品系为亲本的重组自交系群体为作图群体，用RFLP、RAPD和SSR分子标记相结合的方法，构建覆盖基因组长度为1 779cM的包含251个标记的高粱连锁图谱。赵姝华等（2005）以抗、感螟虫高粱自交系为亲本获得的重组自交系为作图群体，利用SSR分子标记构建覆盖基因组长度为1 656cM的包含10个连锁群和104个SSR分子标记的高粱连锁图谱。卞云龙等（2007）以茎秆糖分含量有差异的高粱自交系为亲本获得的F_2分离群体为作图群体，采用AFLP和SSR两种分子标记，构建覆盖基因组长度为978.1cM的包含273个（232个AFLP、41个SSR）标记的高粱连锁遗传图谱。另外，段永红等（2009）选用高粱品种B_2V_4和1383-2杂交组合获得的F_2分离群体，筛选Xtxp型SSR引物构建覆盖基因组长度为443.9cM的高粱分子连锁图谱。

1.1.2　高粱基因组测序及其基因组特征

根据Paterson等（2002）对高粱基因组的Cot分析，结果显示高粱基因组大小约700Mb，包含15%的高度重复DNA，41%的中度重复DNA和24%的低拷贝DNA。结合杂交探针锚定的结果来看，推测高粱染色体的常染色质很可能为低拷贝DNA和重复序列组成的混合物（王海莲等，2009）。

高粱全基因组测序是在2007年完成的（Paterson et al., 2009）。美国能源部联合基因组研究所对美国主导高粱自交系BTx623的大小约为730Mb的基因组运用全基因组鸟枪测序法，对其中98%的染色体基因序列进行初步分析，并结合遗传的、物理的和与其他作物的共线性信息进一步验证。

研究表明，大约1/3的高粱基因组序列比较保守，无论是基因排序还是基因分布密度都跟水稻基因组相似。结合遗传学和细胞学图谱的研究显示，高粱基因组和水稻基因组具有数量差不多的常染色质，前者之所以比后者大75%主要是由于异染色质数量的差异。分析结果显示高粱基因组的异染色质中含有55%的长末端重复逆转录转座子，介于玉米基因组（79%）和水稻基因组（26%）的异染色质含量之间。从整个基因组来看，高粱基因组中转座子的数量达到7.5%，也介于玉米（2.7%）和水稻（13%）基因组之间。

整个高粱基因组大约有3万个基因。在高粱和水稻基因组中直系同源的基因之间，外显子的大小分布是高度一致的，内含子的位置有超过98%是一致的。内含子的数目在高粱和水稻基因组间是保守的，在玉米基因组中因转座子的含量而大大增加。在高粱基因组中，基因家族的数量和规模也与拟南芥、水稻和白杨基因组中的相似，大约58%的高粱基因家族在其他3种作物中都能找到，约93%的基因家族基因与至少另外一种作物的基因组共享。大约有24%的基因是禾本科作物特有的，只有7%是高粱特有的。

1.1.3　高粱的遗传多样性研究

通常，对基因组中遗传变异的研究包括序列多样性和群体结构的改变。序列多样性常用单核苷酸多态性（SNP）、短序列的插入或缺失（Indel）、微卫星或者简单序列重复和转座元件等来检测。

群体结构的改变常用变异的存在或者缺失（PAV）和变异的拷贝数（CNV）来衡量，这里的变异类型包括大片段的插入或者缺失、加倍、倒置和转座。其中，序列多态性研究吸引了许多实验室和育种机构的兴趣。对一些模式作物，如拟南芥、水稻和玉米等，全基因组中的SNP和Indel都已经被发掘出来用于关联分析定位作图、遗传多样性分析、驯化历程和基因组进化研究等基因组功能和进化研究（Zheng et al.，2011）。

作为第一个被公布全基因组序列的C_4模式作物，高粱基因组的遗传多样性及其分子进化历程同样被广泛关注着。高粱具有非常丰富的遗传多样性，这得益于它生存的地理位置及气候条件多样，并且在不同的自然和人为选择压力下不断进化着。

1.1.3.1 高粱分类

栽培高粱［*Sorghum bicolor*（L.）Moench］的系统分类主要基于籽粒性状、花序性状和植株性状3种。长期的观察发现籽粒性状最为稳定，受到环境的影响较小，最能揭示相关的亲缘关系。花序性状与籽粒性状存在一定的相关性。因此以籽粒性状和花序性状为依据对高粱系统分类最为实用（Harlan and de Wet，1972）。据此，栽培高粱被分为双色族（bicolor）、几内亚族（guinea）、顶尖族（caudatum）、卡佛尔族（kafir）和都拉族（durra）5个基本族以及5个基本族之间相互交配产生的10个中间族。

双色族高粱具有开放式花序，是从5个基本族中最早分化出来的最原始的一个族。它的分布范围也特别广，只要高粱能生存的地方都有它的分布。几内亚族高粱最早在西非被发现，那里的雨季长并且不规律，所以它具有开放式花序来防止发霉和虫害。后来在东非和印度也发现了它的分布。据推测，几内亚族是从双色族中选择进化而来的，它可能是第一个受到选择后特异进化成粒用高粱的族。卡佛尔族高粱只分布在南非，并且它的分布范围与非洲班图人的迁移和活动方向紧密相关。南非的雨季相对比较短，并且比较有规律，所以卡佛尔族高粱具有半紧实花序以便于增加产量。都拉族高粱主要分布于埃塞俄比亚和苏丹，在印度也有分布，它具有紧实的花序和中等到大的籽粒，是进化最为特异的一个族。最后，顶尖族高粱由于仅仅分布在高粱在非洲最初被驯化的地区而被认为是最近才分化出来的一个族。它也有中到大的花序和比较高的产量，所以在现代农业生产中的地位比较重要。但是由于它的籽粒中含有较多的单宁，致使磨成的面粉颜色深并且苦，所以导致分布范围非常有限（Wang et al.，2013；Morris et al.，2013）。

另外，高粱在生产上的用途也十分广泛。按用途可分为粒用高粱、甜高粱（糖用高粱）、帚用高粱和饲用高粱4类。不同用途的高粱之间也形态各异，粒用高粱分蘖弱，穗密实且短，茎髓含水量较少，籽粒品质较佳，成熟时常因籽粒外露而较易脱粒。甜高粱植株高，茎内富含汁液，随着籽粒成熟，含糖量一般可达8%~19%，茎秆节间长，叶脉蜡质，籽粒小，品质欠佳。帚用高粱穗大而散，通常无穗轴或有极短的穗轴，侧枝发达而长，穗下垂，籽粒小并由护颖包被，不易脱落。饲用高粱茎秆细，分蘖力和再生力强，生长势旺盛，穗小，籽粒外有稃个别有芒，品质差，茎内多汁，含糖较高。

1.1.3.2 高粱基因组的序列多态性及分子进化

分析高粱基因组序列多态性的技术手段主要分为两种，一种是利用已开发的分子标记，另一种是对高粱基因组进行重复测序。

Folkertsma等（2005）利用21对SSR分子标记对100份几内亚族高粱品种进行了遗传多态性分析，他们发现绝大部分突变类型存在于来自半干旱的非洲萨赫勒地区的品种中，而来自南亚的品种中则较少，并且来自南亚的品种与来自南非和东非的品种最为相似。这与之前关于高粱传播途径的推测是相吻合的，推测认为高粱种质资源沿着古代贸易路线途径阿拉伯海岸的东非、阿拉伯半岛然后传播至南亚。另外，系统进化分析的结果表明，几内亚族与其他族能够明显区分。在几内亚族内部还存在一种起源于西非和南非的特殊类型，意味着几内亚族高粱比其他族拥有更丰富的遗传多态性。相同的结论在此后的研究中也有得到，Ramu等（2013）利用40对EST-SSR标记对一个具有世界代表性的高粱种质Reference Set进行基因型鉴定后发现，起源地相同的同族的高粱品种往往具有相似的基因型。系统分析结果表明，源自西非的属于几内亚族的一个Gma（guinea-margaritiferum）亚族由于与野生高粱具有高度的遗传相似性而与其他族差异较大，这说明Gma亚族是独立进行遗传进化的。同时，来自印度和西非的几内亚族在遗传结构上也分开形成两个独立的分支。而卡佛尔族被认为是遗传多态性最少的、基因型最为整齐的一个族，推测这可能与它有限的地理分布有关。

Casa等（2005）利用98对SSR分子标记对73份高粱栽培种和31份高粱野生种进行多态性分析，结果表明栽培种中保留了86%的来自野生种的多态性。系统进化分析结果显示野生种能很清晰地与栽培种区分开，几乎有一半的栽培种根据族群聚集。同时还发现了11个可能受到选择作用的位点，其中7个位点与驯化相关的QTL在同一区域或者邻近区域。随后，他们选取了其中一个位点，SSR标记Xcup15，然后对17份栽培种和13份野生种材料中这个标记的周围大约99kb范围内的10个基因片段进行测序分析。结果发现，在栽培种中，这个区域内的基因序列多态性比较低，并且有大范围的单倍型结构。另外在PP2C基因的5'端非翻译区内发现了存在于野生种和栽培种之间的固定的差异，表明这个位点可能受到正向选择作用。对野生种和栽培种中这个位点周边的序列分析后他们推测在这个位点及其周边可能存在选择性清除的现象（Casa et al.，2006）。Shehzad等（2009）从日本NIAS基因库的来自包括亚洲和非洲的3 500多份高粱种质材料中挑选了320份材料，利用选自3张已发表的高粱遗传连锁图谱中的38个SSR分子标记进行遗传多态性分析，然后结合表型构建高粱多态性分析的核心种质资源。利用这38个SSR分子标记可以检测到146个基因位点，能够全面覆盖高粱的10条染色体。分析结果表明，高粱的遗传变异与地理位置呈现相关性，并且发现高粱的驯化传播路径是从非洲经过南亚抵达东亚的。Mutegi等（2011）利用24对SSR分子标记对收集自肯尼亚的329份栽培高粱和110份野生高粱品种进行基因型分析后发现，与野生高粱的基因组相比，栽培高粱基因组的遗传多样性显著降低，这意味着在高粱的驯化过程中可能伴随着瓶颈效应。总体上讲，栽培高粱与野生高粱具有高度的遗传相似性，遗传分化程度由于耕种地区的不同而不同。进而推测这种遗传相似性可能是由驯化过程中早期或近期发生的基因流动引起的，而不同地区的农民耕种习惯不同，导致了地区间基因流动的差异。无论是在栽培高粱还是在野生高粱中，遗传多态性结构的形成更大程度上受到地理因素的影响而非农业气候因素。这就说明，如今栽培高粱和野生高粱遗传结构的形成主要是受到基因流动和遗传漂变的影响。Adugna等（2014）利用12对SSR引物结合7种不同表型对种植在埃塞俄比亚的8个栽培高粱群体进行遗传多态性分析后得出，埃塞俄比亚的栽培高粱的基因多态性总体上与之前研究过的肯尼亚的持平，栽培高粱群体之间基因流动的现象与地理位置和人类迁徙都有相关性。

随着测序技术水平的不断提高和高通量测序技术的发展，对不同高粱品种的基因组进行重新测序成为研究高粱基因组遗传多态性的新道路。Hamblin等（2004）对24份包含5个基本族的栽培高粱品种和3份野生高粱品种及1份拟高粱品种的材料进行了基因组中95个已用RFLP标记筛选过的有差异的长度为123～444bp的序列位点的测序，并与玉米基因组序列相比较。结果表明，虽然高粱基因组只有玉米基因组大小的1/4，但是由于高粱主要是自花授粉，所以高粱基因组中连锁不平衡的范围至少比玉米中大好几倍。总体来讲，高粱基因组序列多态性比玉米基因组低4倍，单看同义突变位点的序列多态性，高粱基因组序列多态性比玉米基因组低5倍。通过比较多态性位点和遗传分化程度，他们认为定向选择和多向选择在高粱基因组序列多态性的形成过程中都起了重要作用。随后，他们又增加了对17份栽培高粱和1份拟高粱品种基因组中的另外204个平均长为671bp的序列的测序，希望能进一步证实高粱基因组受到定向选择和多向性选择。结果发现，整个高粱基因组的序列是强烈偏离平衡进化的。但是，他们在分析了所得到的多态性数据之后，几乎没有找到任何证据表明高粱基因组受到过定向选择，所以最终他们把这种不平衡的现象归因于群体结构和迁徙（Hamblin et al.，2006）。Zheng等（2011）通过对两个甜高粱和一个粒用高粱的自交系的基因组重新测序后，发现了约1 500个在甜高粱与粒用高粱之间有区别的基因，这些基因存在于包括糖和淀粉代谢、木质素和香豆素的生物合成、核苷酸代谢等10个代谢途径中。同时还发现了大量单核苷酸多态性（SNP）和插入缺失多态性（Indel）。一些具有显著效应例如可以导致转录提前终止，起始蛋氨酸残基转换等的多态性位点，与近来在拟南芥和玉米基因组中发现的相似。它们主要存在于功能基因家族里面，而鲜见于维持基本生命的持家基因中。研究还发现与水稻和拟南芥的基因组相比，高粱基因组的内含子区域含有更多的SNP，这可能是由于内含子区域在高粱基因组中占有更大比例的缘故。而且与编码区和非翻译区域相比，内含子区域的SNP数量也更多一些。同年，Nelson等（2011）通过对8种不同的高粱品种的基因组测序后也发现，具有显著效应的SNP主要存在于功能基因家族里面，尤其是像解毒、生物/非生物胁迫反应以及防御病原体的含有富亮氨酸重复的基因里面。这说明抗性基因的进化速率非常快，促使众多变异出现。在染色体末端发现了比中央着丝粒周围更多的SNP，这与在玉米中的发现相似。之后，Jiang等（2013）通过构建一个含有代表35 465个已注释的高粱基因组基因位点和6 440个未被整合到注释位点的高粱EST标记的微阵列芯片，对甜高粱和粒用高粱中这些基因的转录表达情况做了分析，希望进一步找到决定这两种高粱品种不同表型的遗传基础。他们共检测到了3 000多个在甜高粱和粒用高粱里表达有差异的基因。表达的差异部分是由不同的顺式调控元件和DNA甲基化过程引起的，本质上讲是由甜高粱和粒用高粱中的基因功能性分化引起的。无论是一连串的还是分段性的基因复制在基因组进化及表达差异中都起了重要作用。

Morris等（2013）对来自全世界不同农业气候带的971份高粱品种的基因组进行测序，观察分析了高粱基因组的序列多态性、连锁不平衡和重组率、群体结构及地理分化和单倍型的地理分布等特征。研究结果显示，在高粱基因组中，连锁不平衡的范围约为150kb，这与之前在自交作物水稻中的研究结果相近，比异交作物玉米中的范围要大一些。同一条染色体上，重组率低的中央着丝点区域的连锁不平衡范围要比端粒区域大一些。世界范围内的高粱群体结构的形成与表型和地理起源都具相关性，农业气候和地理隔离在群体结构形成的过程中影响最小。此外还发现，在之前研究过的可能与驯化相关的6个淀粉代谢基因中，有2个分别位于7号和2号染色体上杂合度非常低的区域，进而推测这两个基因可能受到选择作用，引起了周边区域的选择性清除现象。在携带有矮秆和早熟基因的高粱渗入系中也发现了类似的杂合度低的区域，位于6号染色体上调控株高（Dw_2、Dw_3、Dw_1）和抽穗期（Ma_1）的基因周围，范围6.6 ~ 42Mb。他们推测在6.6Mb附近应该还存在另一个调控株高或抽穗期的基因。另外结合对地方高粱品种序列多态性的观察，他们认为，当选择作用发生在重组率低的中央着丝点附近区域时，就会导致大范围连锁不平衡现象的出现。同时他们还针对高粱株高和穗分枝长度的性状进行关联分析定位，找到了一些与这两个表型相关联的候选基因。不过在同年Wang等（2013）对242份地方高粱品种的遗传结构及连锁不平衡现象的研究中，检测到的高粱基因组连锁不平衡的范围则小得多，平均为10~30kb，他们也同样检测到了6号染色体上的大段重组率低的连锁不平衡区域，约为20.33Mb。另外他们还检测到了分别位于1、2、9、10号染色体上大小为3.5~35.5kb的连锁不平衡区段，其中位于1号和10号染色体上的连锁不平衡区域被认为分别是由水稻同源基因 *GS3* 和 *FT* 在驯化过程中受到正向选择作用而引起的选择性清除现象的表现。在对高粱群体遗传结构的研究中，他们也得到了与之前研究相似的结论，认为高粱遗传结构的形成与地理起源和种族分化都有关联。

Mace等（2013）对44份包含野生品种、半野生品种、地方品种和改良品种在内的不同高粱材料的基因组进行重测序，发现了高粱基因组丰富的遗传多态性。他们发现，无论是单核苷酸多态性（SNP）还是插入缺失多态性（Indel），大部分多态性都存在于基因间隔区域，只有很小一部分分布在基因区。并且在基因区内部，编码区的序列多态性也比内含子区和非翻译区要低得多。在编码区中，非同义突变的位点数也要比同义突变的位点数少。总体来看，异染色质区域的同义突变频率要比常染色质区域低，说明异染色质区域的进化速率缓慢。而常染色质区域和异染色质区域的非同义突变频率相差无几，说明这两个区域承受的选择压力大小相当。同时他们也发现高粱野生品种中的多态性比地方品种和改良自交系品种中都要丰富许多，这与之前的研究观察到的结果一致，进一步说明在高粱驯化和改良过程中都有遗传瓶颈效应的影响，导致在现代改良的高粱品种中，连锁不平衡的范围显著增大。此外，他们还发现了强烈的种群结构以及至少包含两种独立驯化事件的复杂驯化历程。主要表现为起源于西非的几内亚种族内部的Guinea-margaritiferums亚族不但表型与其他几内亚族高粱品种明显不同，而且它的基因组与其他栽培高粱品种的基因组也存在较大差异。它的基因组中SNP的密度约为其他栽培高粱品种的2倍，序列多态性也更接近于野生高粱品种，因此，它在群体结构中被单独分离开来，成为野生高粱品种和栽培高粱品种之间独立的一个分支。这个结果也进一步验证了Guinea-margaritiferums亚族可能是最近在西非发生的二次驯化事件产物的猜想。另外，他们还找到了一些与驯化相关的基因以及可能存在的选择性清除现象，例如6号染色体上调控株高和抽穗期的Ma_1和Dw_2基因，7号染色体上的Dw_3和10号染色体上的Ma_4等。

1.2 调控高粱抽穗期的基因的研究进展

高粱是短日照作物，光周期对高粱的抽穗期有较大影响（卢庆善等，2005）。现认为至少有6个基因位点通过调节高粱对光周期的敏感度来调控高粱的抽穗期，分别是Ma_1、Ma_2、Ma_3、Ma_4、Ma_5和Ma_6（Quinby et al.，1945；Quinby，1966，1967；Rooney et al.，1999；Mullet et al.，2012，2013）。前4个基因在长日照条件下抑制开花而在短日照条件下促进开花，其中Ma_1位点的基因突变能够导致高粱在长日照条件下感光度最大限度地下降，在其他3个位点的突变造成的感光度的变化则相对轻微一些（Quinby，1967）。然而，即使是含有隐性的ma_1、ma_2、ma_3基因的高粱，在长日照条件下的开花时间也会比在短日照条件下晚一些（Pao et al.，1986）。Ma_5和Ma_6基因则被证实需要在有活性的光敏色素B存在的条件下才能发挥作用，提高高粱的感光度而使开花延迟（Mullet et al.，2013）。

1.2.1 调控高粱感光度的基因的定位及克隆

1.2.1.1 Ma_1基因

Ma_1基因对高粱的开花时间的调控最为强烈，显性的Ma_1基因能使Ma_2、Ma_3或Ma_4表现出来（卢庆善等，2005）。它被定位到高粱6号染色体上，与高粱矮化基因dw_2紧密连锁。最初，Lin等（1995）将Ma_1基因定位到RFLP标记pSB0189和pSB0580之间，后来又被Klein等（2008）定位到AFLP标记txa4001和缺失多态性标记txi20之间。Klein等（2008）预测的Ma_1基因在遗传连锁图谱上的位置在42.1～43.7cM，但是Lin等（1995）的定位结果却在48～54cM，所以综合两者的结果，将Ma_1基因锁定到42.1～54cM，与SSR标记gap7和gap72紧密相连。最终，Murphy等（2011）将Ma_1基因定位在6号染色体上的标记Xtxi62和Xtxi58之间约86kb的区段内，$SbPRR37$是该区段内唯一的候选基因。

他们的研究结果表明，Ma_1基因编码蛋白PRR37，该蛋白是高粱在长日照条件下开花的主要阻抑物。在长日照条件下，Ma_1促进开花激活因子$CONSTANS$的表达但是抑制其活性，同时阻碍花形成激活因子$Early\ Heading\ Date\ 1$、$FLOWERING\ LOCUS\ T$、$Zea\ mays\ CENTRORADIALIS\ 8$的表达，从而抑制花的形成。$Ma_1$的表达依赖光照并且受到昼夜节律生物钟调控，在长日照条件下，一天之内有两次表达高峰，RNA的峰值分别出现在清晨和夜晚。但在短日照条件下，Ma_1因缺乏光照晚间不能正常表达，从而阻抑效能降低促使高粱开花。

1.2.1.2 Ma_2基因

Ma_2基因被定位到2号染色体上，在连锁遗传图谱上的位置是

145 ~ 148cM。最初，它被认为是Ma_5基因，后来Mullet等结合所有对调控高粱感光性的基因的研究结果后将它认定为Ma_2基因（Mullet et al.，2012，2013）。Kim（2003）利用荧光原位杂交（FISH）结合遗传连锁作图的方法将它定位到高粱2号染色体AFLP标记txa3424和SSR标记txp100之间。然后对比Menz等（2002）利用亲本为BTx623×IS3620C的作图群体构建的遗传连锁图谱，把Ma_2基因定位到152.5 ~ 166cM，与SSR标记txp429和txp431紧密相连。随后Mullet等（2012）把它定位到高粱2号染色体67 923 811 ~ 68 393 290bp，在遗传连锁图谱上的位置是146.1 ~ 152.1cM，两侧与分子标记59L10和txp428紧密相连。

Mullet等（2012）的研究发现，此基因所在的区段内有一个与COP9FUS5同源的候选基因，这个基因编码CSN信号传导复合体的一个亚基，它在拟南芥中被发现可以抑制植物的光形态建成过程。同区段内还有一个编码Myb转录因子的基因，拟南芥中的这种转录因子（CAA1/LHY）被认为是昼夜节律生物钟调控过程的核心要素。因此推测Ma_2基因可能通过抑制由光敏色素B和C介导的依赖光照的花形成过程或者调节高粱昼夜节律生物钟的光照依赖性产物来调控高粱的开花时间，但是这个基因至今还未被成功克隆。

1.2.1.3　Ma_3基因

Ma_3基因是第一个被成功克隆的调控高粱感光性的基因。它被定位到高粱1号染色体长臂的末端，在60 910 479 ~ 60 917 763bp，在遗传连锁图谱上的位置是115.5 ~ 125.7cM，对应的基因为Sb01g037340，两侧与SSR标记txp229和txp279紧密相连（Childs et al.，1997）。Ma_3基因至少有3种等位基因，显性的Ma_3基因，隐性的ma_3基因，另外还有一种特殊的隐性$ma_3{}^R$基因。前两种基因对高粱光敏度的调控作用十分轻微，而$ma_3{}^R$基因可以导致高粱的光敏度几乎完全丧失（Foster et al.，1994）。Childs等（1997）就是利用$Ma_3/ma_3{}^R$的分离群体定位到了Ma_3基因。

研究结果表明，Ma_3编码一段大约123kD的光敏色素B蛋白。研究显示，无论在单子叶植物，还是在双子叶植物中，光敏色素B都调节着根的伸长、叶绿素含量和远红外光照射下的脱黄化反应（Childs et al.，1991，1992，1995）。而在$ma_3{}^R$基因中，第三个外显子上的一个腺嘌呤的缺失突变导致转录移码，不能合成具有正常生物活性的光敏色素B。所以，它的突变体表现为对光周期不敏感，植株营养生长期延长并缺乏叶绿素，且在远红外光照射下不会出现脱黄化反应。

Yang等（2014）研究结果表明，光敏色素B主要是通过激活Ma_1（$SbPRR37$）和Ma_6（$SbGHD7$）基因在长日照条件下的夜间表达来抑制成花素基因$SbCN12$、$SbCN8$的表达，从而推迟高粱在长日照条件下的开花时间。另外，他们还发现光敏色素B对高粱中的一个跟水稻成花素基因$Hd3a$同源的基因$SbCN15$也起负调控作用，这个基因可能与阴暗导致的开花时间提早有关，光敏色素B对这个基因的调控作用不受光周期的影响。

1.2.1.4 Ma_4基因

Ma_4基因被定位到高粱10号染色体上，与RFLP标记txs1163相邻（Hart et al.，2001），但是对于这个位点没有更多的遗传连锁图谱数据。后来通过与Chantereau等（2001）的定位结果相比对，将Ma_4定位在22.2～39.1cM，与wx基因和Rs_2基因紧密连锁。此基因至今还未被成功克隆，所以没有更多的相关数据。

1.2.1.5 Ma_5基因

Ma_5基因最初被定位到高粱1号染色体6 545 866～8 017 655bp，在遗传连锁图谱上的位置是23.4～29.5cM，两侧与SSR标记txp208

和txp523紧密相连。它一开始被命名为Ma_7基因，后根据对这个位点的所有研究结果把它重新命名为Ma_5基因（Mullet et al.，2012，2013）。这个位点内有很多候选基因，其中包括编码光敏色素C、MADS-box 14和AP1的基因。AP1能够激活与花形成有关的分生组织基因，而AP1被尖端的FT激活，FT编码一种从叶片到尖端的转运蛋白。当光周期和其他条件都满足时，FT的表达就会被激活而促进花的形成。编码光敏色素C、MADS-box 14的基因在水稻中都被证实参与调控开花时间，其中编码光敏色素C的基因的沉默能够降低水稻在长日照条件下的感光度而使开花时间提早，所以推测这个基因在高粱中也有相似的功能（Mullet et al.，2012）。之后它被定位到高粱1号染色体6 762 743 ~ 6 767 650bp，在遗传连锁图谱的位置为23 ~ 26cM，对应的基因编码光敏色素C（Mullet et al.，2013）。光敏色素C跟光敏色素B的功能类似，也参与植物对持续红光照射的反应，但是作用并不如光敏色素B那么强烈。光敏色素B可以增强它的稳定性，它总是与光敏色素B一起协同作用，以异质二聚体的形式调节植物对光照的反应从而影响开花时间（Monte et al.，2003；Yang et al.，2014）。

1.2.1.6　*Ma₆*基因

Ma_6基因被定位到高粱6号染色体39 379 760 ~ 42 610 705bp，在遗传连锁图谱上的位置是8.0 ~ 9.9cM和17.4 ~ 20.7cM，两侧与SSR标记txp658和txp434紧密相连（Mullet et al.，2012）。由于它与Ma_1基因的位置很接近，所以一度把它认为是Ma_1基因，直到最近才被证实它是一个调控高粱籽粒数量、株高和抽穗期的基因*SbGHD7*，对应的基因编号为Sb06g000570（Mullet et al.，2013）。这个基因和Ma_1基因均受到Ma_3和Ma_5基因的遗传上位性影响，通过抑制一系列成花素基因的表达使高粱在长日照条件下的开花时间延迟。

18

1.2.2　受光周期影响的高粱开花时间的分子调控机理

高粱是一种典型的短日照的C_4作物，长日照使它的开花时间延迟而短日照能够加速它开花。在长日照条件下高粱开花时间的差异受到多种因素的影响，如遮光、赤霉素含量、温度和幼苗生长期的长短等，其中最主要的是感光度的差异。受光周期影响的高粱的开花时间由一系列感光基因和成花素基因参与的光信号通路调控，并且与昼夜节律生物钟一起协同作用。

高粱对光周期的敏感性和在长日照条件下开花时间的延迟主要受到由 Ma_1 和 Ma_6 编码的开花阻抑物SbPRR37和SbGhd7的正向调控作用。在长日照条件下，$SbPRR37$ 和 $SbGHD7$ 在一天内均有两个表达峰值，分别出现在清晨和夜间，持续合成的充足的SbPRR37和SbGhd7抑制开花激活剂的基因 $SbEHD1$ 的表达。同时，SbPRR37促进开花激活剂基因 $SbCO$ 的表达但是抑制其活性。这两种开花激活剂SbEhd1和SbCO都能够诱导成花素基因 $SbCN8$ 和 $SbCN12$ 的表达，$SbPRR37$ 和 $SbGHD7$ 通过抑制它们的活性来阻止生长尖从营养生长转向生殖生长，从而导致开花延迟。并且当 Ma_3 和 Ma_5 基因同时以显性形式存在时，高粱的感光度进一步增强导致开花时间更加延迟。这是因为 $SbPRR37$ 和 $SbGHD7$ 的表达受到光周期和生物钟的协同调控作用。在持续的光照和恒定的温度条件下，这两个基因的表达主要受到生物钟的调控作用。在长日照条件下，高粱生物钟调控的核心基因TOC1，CCA1和LHY的规律性表达的输出物激活 $SbPRR37$ 和 $SbGHD7$ 早间和晚间的表达。Ma_3 编码的光敏色素B通过与 Ma_5 编码的光敏色素C结合形成异质二聚体的形式来增强后者的稳定性，二者共同作用促进开花抑制剂 $SbPRR37$ 和 $SbGHD7$ 在长日照条件下的夜间表达。另外，光敏色素B 对高粱中的一个与水稻成花素基因 $Hd3a$ 同源的基因 $SbCN15$ 也起负调控作用，这个基因可能与阴暗导致的开花时间提早有关。光敏色素B对这个基因的调控作用不受光周期的影响，可直接作用于该基因致使开花延迟。

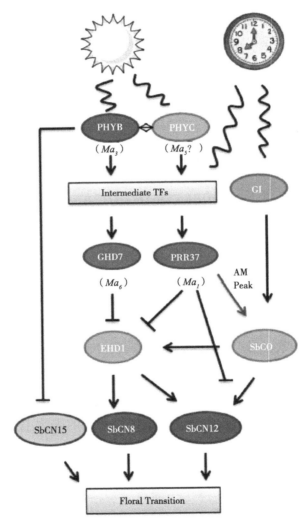

图1-1 受光周期影响的高粱开花时间的分子调控过程示意图（Yang et al.，2014）

而在短日照条件下，高粱生物钟调控的输出物仅能激活*SbPRR37*和*SbGHD7*的早间表达，但是晚间的表达因缺少光照而被抑制，因此开花阻抑物SbPRR37和SbGhd7的含量不足导致阻抑效应降低，开花激活剂基因*SbEHD1*和*SbCO*都能正常表达，进而激活成花素基因*SbCN8*和*SbCN12*的表达，促进开花。另外，高粱生物钟调控的核心基因*TOC1*、*CCA1*和*LHY*的规律性表达调控输出物基因*GI*的表达，*GI*能够促进*SbCO*的表达，*SbCO*通过直接作用于成花素基因*SbCN12*或者间接作用于开花激活剂基因*SbEHD1*来促进开花（Murphy et al.，2011；Mullet et al.，2013；Yang et al.，2014）。

1.2.3 高粱光敏色素基因家族的分子进化研究

作为植物光感受器的光敏色素是由一个基因家族的基因编码的，它们广泛参与到调控一系列感光基因的表达和植物的光形态建成反应中，并对一些重要的农艺性状，例如抽穗期和避阴反应等都产生影响（White et al.，2004）。至今，在高粱中共发现3种光敏色素，分别是光敏色素A、光敏色素B和光敏色素C。其中，编码光敏色素B和C的基因已被成功克隆，分别命名为*Ma₃*和*Ma₅*，它们被证实参与到调控高粱开花时间的光信号通路中（Childs et al.，1997；Mullet et al.，2012，2013；Yang et al.，2014）。这3种光敏色素都是由负责二聚体化和信号转导的羧基端及负责感受光信号的氨基端组成的。

对拟南芥中的这3种光敏色素的研究结果表明，光敏色素A主要参与到对远红光的感应和信号转导过程中（Nagatani et al.，1993）。光敏色素B主要参与到对脉冲的或者持续的红光感应过程中（Reed et al.，1994）。而光敏色素C跟光敏色素B的功能类似，也参与到植物对持续红光照射的感光度反应中，但是作用并不如光敏色素B那么强烈。光敏色素B可以与它结合成异质二聚体的形式来增强它的稳定性，两者一起协同调控植物对光周期的敏感性从而影响开花时间（Monte et al.，2003；Yang et al.，2014）。

White等（2004）通过对16份栽培和野生高粱品种中的这3个光

敏色素基因进行测序并分别分析各自的序列后发现，栽培高粱中的这3个基因比野生高粱中的多态性位点数要少，显示出纯化选择的特征。三者相比，光敏色素B在氨基酸水平最为保守，展现出最强烈的纯化选择的特征，而光敏色素C中氨基酸替换速率很快，说明它具有较快的进化速率。另外，还发现栽培高粱品种中的许多多态性位点都是亚种专属的，包括一些氨基酸替代突变位点。

1.3　本研究的目的及意义

高粱由于基因组相对较小（约730Mb），遗传多样性丰富，被认为是禾本科类作物比较基因组学研究的模式基因组之一。随着高粱全基因组测序完成和遗传图谱及物理图谱的不断完善，通过基因组测序和相关的遗传学研究，克隆到控制高粱抽穗期的基因，对其调控机制进行彻底研究，通过转基因育种就可以调整高粱抽穗期，将在作物改良中发挥更大的作用。另外，随着全球煤炭、石油和天然气等不可再生能源储量的日趋减少，生物质能源的开发和利用已经引起各国科学家的关注。而通过调整抽穗期所得到的高粱新品种由于具有生物产量高、抗逆性强、种植范围广、乙醇转化率高等优势，势必成为生物质能源不可或缺的原材料。

但是目前对高粱的研究还处于起步阶段，要对调控高粱抽穗期的庞大的基因网络进行透彻的分析还有很大困难。主要是克隆到的基因很少，并且目前对高粱中已克隆基因的功能研究结果很大程度上是与双子叶植物和其他单子叶植物中同源基因的表达模式进行比较而得到的。另外，关联分析的应用虽然在很大程度上填补了分子标记研究的不足，但是一些调控高粱抽穗期的基因中重要的突变位点仍未被发现，而且许多重要的抽穗期相关基因的序列多样性及分子进化历程仍为空白。这对全面认识这些基因在高粱中的功能及这些基因的变化和发展是远远不够的。所以我们还要尽可能多的获得与抽穗期有关的数据，对调控高粱抽穗期的基因进行更深入、更广泛的研究。

本研究不但对两个重要的调控高粱抽穗期的基因 Ma_3 和 Ma_1 进行测序并分别进行序列分析，将得到的多态性位点数据及系统分化数据。另外结合起源地、表型等数据来研究这两个基因的序列多态性和找寻周围选择性清除的证据及群体结构和进化历程，多角度揭示了 Ma_1 和 Ma_3 基因各自的分子进化特点，为更好地了解高粱抽穗期基因的序列特征打下基础，并有利于不同环境中高粱种质资源的合理利用；而且利用高粱早熟品种Hiro-1和Early Hegari为亲本，通过构建群体对早熟基因进行QTL分析，结果在高粱的4条染色体（3、4、6和9）上检测到了相关的QTL。由于至今还未在第3、4、9号染色体上发现调控高粱抽穗期的基因，所以对这几个QTL位点对应的基因进行进一步定位和克隆及功能分析对研究高粱抽穗期基因的调控机理意义重大。

2

Ma_1和Ma_3基因的序列多态性及分子进化研究

　　高粱的抽穗期自20世纪初就被认为是高粱育种中一个重要的农艺性状，高粱抽穗期的合理调控对优化高粱种植及增产意义重大（Quinby，1974；Muphy et al.，2011）。受光周期影响的高粱抽穗期由一系列感光基因和成花素基因参与的光信号通路调控，并且与昼夜节律生物钟一起协同作用，因此高粱的感光度成为影响高粱抽穗期极其重要的因素。

　　目前认为至少有6个基因通过调节高粱的感光度来调控高粱的抽穗期，分别是Ma_1、Ma_2、Ma_3、Ma_4、Ma_5和Ma_6（Quinby et al.，1945；Quinby，1966，1967；Rooney et al.，1999；Mullet et al.，2012，2013）。其中，最先被成功克隆的便是Ma_3基因。这个基因至少有3种等位基因，Ma_3、ma_3和$ma_3{}^R$，以$ma_3{}^R$的作用最为强烈（Foster et al.，1994）。Childs等（1997）的研究表明，Ma_3基因编码一段大小约为123kD的光敏色素B蛋白，它的第三个外显子上的一个腺嘌呤的缺失突变（$ma_3{}^R$）会引起转录移码，导致转录提前终止，则不能合成具有正常生物活性的光敏色素B，因此含有这类$ma_3{}^R$基因的植株表现为对光周期不敏感而开花提早。White等（2004）通过对高粱光敏色素家族的系统进化分析后得出，纯化选择作用是Ma_3基因的主要进化动力。另一个对高粱感光度影响最大的便是Ma_1基因，它被Murphy等（2011）成功克隆，他们的研究结果显示，Ma_1基因编码PRR37蛋白，该蛋白是高粱在长日照条件下开花的主要阻抑物，并且，Ma_1基因内部至少有3种隐性突变方式。

　　本研究通过对254份栽培高粱和野生高粱品种的Ma_1和Ma_3基因及这两个基因周边的基因进行测序并分别进行序列分析，运用得到的多态性位点数据及系统分化数据来找寻这两个基因周围选择性清除的证据，另外结合起源地、表型和核苷酸多态性数据来分析群体结构及进化历程，揭示了Ma_1基因和Ma_3基因各自的分子进化特点，这对进一步了解调控高粱抽穗基因的分子进化特征及高粱育种工作都十分有帮助。

2.1 材料与方法

2.1.1 试验材料

本研究选用了美国国家种质资源库中收集自世界范围内的栽培高粱品种共243份。这些材料不但涵盖了高粱的5个基本族（62份双色族高粱、20份顶尖族高粱、5份都拉族高粱、7份几内亚族高粱和2份卡佛尔族高粱）及各种杂交品种，而且包含了广泛应用于农业生产的几种主要类型（40份帚用高粱、168份粒用高粱、26份甜高粱和8份饲用高粱）。另外还选用了9份突尼斯草（*S.verticilliflorum*）作为近缘野生品种以及2份拟高粱（*S.propinquum*）作为外源品种进行分析（附表1）。其中用于分析*Ma₃*基因的材料共有252份，包括242份栽培高粱品种以及9份近缘野生种和1份拟高粱；用于分析*Ma₁*基因的材料共有60份，包括54份栽培高粱品种（6份帚用高粱、44份粒用高粱和4份饲用高粱）以及5份近缘野生种和1份拟高粱。

2.1.2 试验方法

2.1.2.1 田间表型观察及抽穗日期记录

经过对254份高粱品种的田间初步筛选（2011年南京），2012年夏季，选取了118份（115份栽培品种和3份近缘野生品种）可以在北京抽穗的高粱品种种植于中国农业大学上庄实验站（上庄40°N，116°E），记录抽穗日期。同年冬季，将在北京套袋自交收种后得到的107份高粱品种（104份栽培品种和3份近缘野生品种）种植于中国农业大学海南实验站（三亚18°N，109°E）并记录抽穗日期（附表1）。抽穗日期以在一行种植的10株单株中有5株开始抽穗时的日期为准。

2.1.2.2 DNA提取

样品DNA的提取采用的是略有改动的CTAB法（Cetyltriethyl ammonium bromide）（Rogers and Bendich，1988）。具体操作步骤如下。

（1）取大小约为2cm×2cm新鲜的或者超低温保鲜的高粱叶片，置于2mL离心管中。

（2）将装有叶片的离心管放入液氮中速冻后取出并快速研磨，直至叶片呈粉末状。体积约占离心管的1/3。

（3）迅速加入600μL的1.5×CTAB提取缓冲液（在65℃的水浴锅中预热），混匀后在65℃条件下恒温水浴20min。期间每隔10min将离心管摇匀一次。

（4）向离心管中加入600μL氯仿：异戊醇（24：1）混匀后，缓慢振荡15min左右。

（5）10 000rpm离心10min，取出离心管，吸取上清液于另一个1.5mL离心管中。

（6）向离心管中加入与上清液等体积的预冷的异丙醇。混匀后，置于-20℃条件下冷冻沉淀30min以上。

（7）将冷冻后的离心管12 000rpm离心10min，使DNA沉淀于离心管底。

（8）倒掉上清液，加入600μL无水乙醇（或70%乙醇）洗涤沉淀。

（9）倒掉无水乙醇（或70%乙醇）后，风干15~30min。

（10）加入200μL0.1×TE缓冲液溶解DNA沉淀。待完全溶解后测定DNA浓度，然后置于4℃（或-20℃）冰箱保存备用。

2.1.2.3 引物设计

根据网上公布的高粱基因组序列信息（http：//www.phytozome.

org/），查找到Ma_1和Ma_3的基因组序列（Ma_1-sb06g014570；Ma_3-sb01g037340），利用FastPCR软件（Kalendar et al.，2009）分别设计重叠引物。每对引物大约覆盖目的基因的1 500bp，引物之间重叠500bp左右以保证测序的准确性。最终，共设计了12对重叠引物来扩增Ma_1基因，9对重叠引物来扩增Ma_3基因（附表2）。

2.1.2.4　PCR扩增及DNA测序

反应体系：

DNA（50ng/μL）	2μL
10×Buffer	2μL
dNTP（2.5mM）	1μL
上游引物（5pmol/μL）	1.2μL
下游引物（5pmol/μL）	1.2μL
Taq酶（5.0U/μL）	0.2μL
ddH$_2$O	12.4μL
总体积	20μL

扩增程序：

	94℃	2min
20×	94℃	30s
	每对引物的Tm值	30s
	72℃	1min

（续表）

15× {	94℃	1min
	55℃	1min
	72℃	1min
	72℃	10min
	10℃	1h

扩增产物的琼脂糖凝胶电泳检测：

1%琼脂糖凝胶的制备。称取0.2g琼脂糖放入锥形瓶中，加入20mL 1×TAE缓冲液，放入微波炉中加热溶解，期间不断取出振荡摇匀，以防琼脂糖凝胶液受热不均引起迸溅，待琼脂糖完全溶解后，取出冷却。将冷却到65℃左右的琼脂糖凝胶液混匀小心地倒入制胶槽内，使胶液缓慢展开，直到整个制胶槽内部形成均匀胶层。在固定位置放好梳子，室温条件下静置20min左右，直至凝胶完全凝固，垂直轻轻拔出梳子，将凝胶及内槽放入电泳槽中。添加1×TAE电泳缓冲液到没过胶面为止。

取5μL扩增产物点样后电泳检测，将出现清晰的目的片段单条带的PCR产物收集后，送上海美吉生物医药科技有限公司测序。

2.1.2.5 序列比对和多态性检测及中性检测

将反馈回来的测序结果用软件ATGC 5.0（GENETYX Corporation, Tokyo, Japan, http://www.genetyx.co.jp）初步拼接，再用软件ContigExpress（http://www.contigexpress.com/）根据测序峰图检查后，进行人工连接编辑，最后用Clustal W（Thompson et al., 1994）进行序列比对。将比对后的结果用DnaSP v5.0（http://www.ub.es/dnasp, Rozas and Rozas, 1995）分析*Ma₁*和*Ma₃*基因的核苷酸多态性及各种分子进化指数。对*Ma₁*和*Ma₃*基因的中性检测运用的是Tajima's D检测。

2.1.2.6 选择性清除检测

在围绕Ma_3基因周围约600kb的范围内选择12个基因（附表3），包括Ma_3基因在内的13个基因每两者之间相隔约50kb，对177份栽培高粱、7份野生高粱和1份拟高粱（附表1）中的这12个基因分别设计特异引物（附表2）后进行PCR扩增，将得到的扩增产物送上海美吉生物医药科技有限公司测序，然后进行序列比对和序列多态性检测以寻找期望中的选择性清除的具体范围。引物设计、PCR扩增和序列比对及多态性检测的方法同上。

同样的，在围绕Ma_1基因周围约1 000kb的范围内选择了7个基因（附表3），包括Ma_1基因在内的8个基因每两者之间相隔35～450kb不等，对54份栽培高粱、5份野生高粱和1份拟高粱（附表1）中的这7个基因进行测序并各自分析其序列多态性，具体操作方法同Ma_3基因。

2.1.2.7 关联分析及单倍型整理

将分别在北京和海南记录的高粱品种的抽穗期表型数据和测序得到的序列信息用软件TASSEL 3.0（http://www.maizegenetics.net/，Bradbury et al.，2007）做关联分析，取概率值$P<0.05$作为判断关联位点存在的阈值。本研究只对Ma_3基因做了关联分析，由于Ma_1基因的测序品种数不多而放弃了此项分析。根据软件提取出的SNP和InDel信息分别整理Ma_1和Ma_3基因的单倍型（附表4和附表5）。

2.1.2.8 系统进化分析

构建Ma_1和Ma_3基因的系统进化树利用的是MEGA5.0（http://www.megasoftware.net，Tamura et al.，2011）软件中的Neighbor-joining方法。

2.2　结果与分析

2.2.1　*Ma₃*基因区的核苷酸多态性

在本研究中，将*Ma₃*基因组序列分为基因上游区域（起始密码子上游1 856bp）、基因编码区（从起始密码子至终止密码子共7 320bp，包括4个外显子和3个内含子）和基因下游区域（终止密码子下游889bp）进行分析。

如表2-1所示，在242份栽培高粱品种的*Ma₃*基因组序列中，共发现了221个单核苷酸多态位点（SNP）和117个插入缺失多态位点（InDel）。近一半的SNP存在于基因上游区域，内含子和外显子次之，基因下游区域最少。而InDel则大部分存在于内含子区域，外显子和基因上游区域次之，基因下游区域最少。而在9份野生高粱品种的*Ma₃*基因组序列中，共发现了106个单核苷酸多态位点（SNP），有近一半的SNP存在于内含子区域，基因上、下游区域次之，外显子最少（附表6）。

表2-1　242份栽培高粱品种中的*Ma₃*基因的多态性位点

	SNP	InDel	总数
基因上游区域	98	24	122
外显子	45	36	81
内含子	57	50	107
基因下游区域	21	7	28
总数	221	117	338

Childs等（1997）的研究结果表明，*Ma₃*基因的第三个外显子上的一个腺嘌呤的缺失突变会引起转录移码，导致转录提前终止，不能

合成具有正常生物活性的光敏色素B，因此，含有ma_3^R基因的植株表现为对光周期不敏感而开花提早。在本研究使用的全部材料中，只发现了6份（gee、g58m、g44m、g38m、gcp和gs186）含有ma_3^R基因的高粱品种，并且，这6份材料的ma_3^R基因序列完全一致。另外，通过对比所有样品的蛋白序列，发现了6份和2份材料可能分别在第3和第4外显子提早形成终止密码子（附表1）。

利用在252份高粱材料中提取出的出现频率不低于2%的50个SNP和InDel多态性位点，对Ma_3基因进行了单倍型整理，共整理出了100种单倍型，每种单倍型所包含的材料数目都不是很多，这说明Ma_3基因具有丰富的遗传多态性（附表4）。

在242份栽培高粱品种的Ma_3基因编码区内，共检测到21个同义突变位点和22个非同义突变位点，因此，非同义突变对同义突变的比值为1.05，计算得到的同义突变速率为0.010 96，非同义突变的速率为0.000 5。

衡量Ma_3基因核苷酸多态性的指数π值是根据沉默位点（同义突变位点和包括基因上游及下游区域的非编码位点）的序列数据计算的。242份栽培高粱中Ma_3基因的π值为0.001 19，而9份野生高粱中Ma_3基因的π值为0.004 77，约为前者的5倍（表2-2，图2-1）。本研究也分组进行了测定，在依据用途分组测定的结果中，粒用高粱和甜高粱组Ma_3基因的π值相差不大，分别为0.001 33和0.001 14，约为帚用高粱和饲用高粱组的2倍（0.000 62和0.000 67）。依据族群分组测定的结果显示，双色族高粱和顶尖族高粱相对比其他族群具有较低的π值，分别为0.000 9和0.000 75。另外顶尖族高粱Ma_3基因的序列多态性大多由组中的2份含有野生草高粱shattercane（*S. bicolor* subsp. *drummondii*）（Defelices，2006）的单倍型的材料与其他材料之间的差异性引起的。把这两份材料去除后的π值为0.000 09。

表2-2 *Ma₃*基因的序列多态性

分类	分区ª			核苷酸多态性（π）ᵇ			Kaᵈ	Ksᵈ	Ka/Ksᵈ	Tajima'D	与拟高粱的差异性
	N	S	R	Tᶜ	S	R					
Ma₃	6 568	820.4	2 608.6								
栽培高粱（242）	167	21	22	0.001 19	0.000 56	0.000 11	0.000 05	0.010 96	0.005	−2.378 40**	0.006 92
帚用高粱（40）	30	2	9	0.000 62	0.000 18	0.000 20	0.000 10	0.010 92	0.009	−1.907 64*	
粒用高粱（168）	136	19	12	0.001 33	0.000 70	0.000 09	0.000 05	0.010 87	0.004	−2.198 47**	
甜高粱（26）	52	3	3	0.001 14	0.000 27	0.000 11	0.000 06	0.010 74	0.005	−1.782 05ᴺˢ	
饲用高粱（8）	11	11	0	0.000 67	0.000 00	0.000 00	0.000 00	0.010 77	0	0.249 01	
突尼斯草（9）	97	9	1	0.004 77	0.003 41	0.000 08	0.000 04	0.009 39	0.004	−0.842 86ᴺˢ	
Ma₃	6 568	820.4	2 608.6								
栽培高粱（96）	90	10	13	0.001 08	0.000 50	0.000 15	0.000 08	0.010 93	0.007	−2.213 37**	0.006 96
双色族高粱（62）	49	5	10	0.000 90	0.000 34	0.000 19	0.000 10	0.010 89	0.009	−1.762 69ᴺˢ	
顶尖族高粱（20）	25	3	4	0.000 75	0.000 36	0.000 15	0.000 08	0.010 94	0.007	−1.776 74ᴺˢ	
都拉族高粱（5）	28	5	0	0.001 65	0.002 39	0.000 00	0.000 00	0.010 54	0	−1.246 14ᴺˢ	
几内亚族高粱（7）	23	1	1	0.001 70	0.000 68	0.000 11	0.000 05	0.010 26	0.005	0.800 08	
卡佛尔族高粱（2）	25	2	0	0.004 81	0.002 38	0.000 00	0.000 00	0.010 78	0	NA	
突尼斯草（9）	97	9	1	0.004 77	0.003 41	0.000 08	0.000 04	0.009 39	0.004	−0.842 86ᴺˢ	

注：①ª N—非编码区域，S—同义突变位点，R—非同义突变位点，T—全部位点，ᵇ 基于所有沉默位点；ᶜ 基于所有突变位点，T—全部位点；ᵈ 利用DnaSPv5.0软件中的Jukes-Cantor模型计算得出。
②"*"代表$P<0.05$，"**"代表$P<0.01$，"NS"代表差异不显著者。

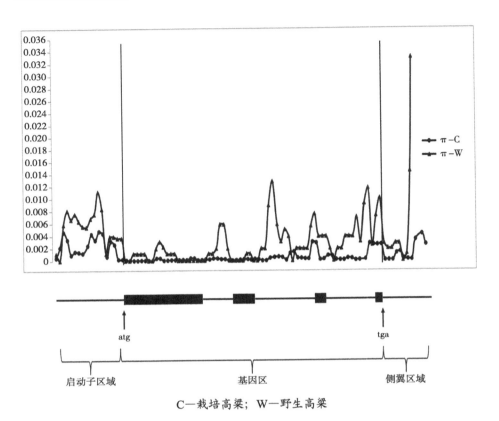

C—栽培高粱；W—野生高粱

图2-1　*Ma₃*基因核苷酸多态性的滑窗分析（π值）

注：滑窗长度为200bp；每一步长度为100bp。内含子区域用黑色细线表示，外显子区域用黑色长方形表示。

2.2.2　*Ma₃*基因的中性检测

为了进一步验证栽培高粱中*Ma₃*基因核苷酸多态性的降低是否由高粱进化过程中的人工选择引起的，本研究利用Tajima's D检测各个分组中*Ma₃*基因的中性偏离情况。

所有242份栽培高粱*Ma₃*基因的Tajima's D值为-2.378 40（表2-2），并且具有统计学的数据极显著性（$P<0.01$）。分组来看，帚

用高粱和粒用高粱的*Ma₃*基因都有负的Tajima's D值，分别为-1.907 64和-2.198 47，并且都具有统计学的数据显著性（$P<0.05$和$P<0.01$），这是经受过人工选择的一个标志。另外，对*Ma₃*基因分区检测的结果显示，帚用高粱和粒用高粱*Ma₃*基因编码区域的Tajima's D值具有最强烈的统计学显著性，其次为粒用高粱和甜高粱的基因上游区域，而基因下游区域的Tajima's D值则没有任何显著性（附表6）。说明栽培高粱*Ma₃*基因可能受到人工选择的作用，尤其是帚用高粱和粒用高粱。

2.2.3 *Ma₃*基因周围的选择性清除现象

与野生高粱相比，栽培高粱自*Ma₃*基因起向下游至f012的几个基因的核苷酸多态性都有明显降低的现象（图2-2），除了f007和f009的核苷酸多态性指数在野生高粱中为0，在栽培高粱中也接近于0。在以族群分组的分析结果表明，栽培高粱中这几个基因沉默位点的π值都比野生高粱降低了至少50%（表2-3）。

在6份含有*ma₃^R*基因的材料中，*Ma₃*基因周边的12个基因的序列完全一致，这表明*ma₃^R*基因及周边基因序列具有高度的保守性，体现了选择性清除的特征。

研究表明，驯化过程中的群体瓶颈效应也可能引起栽培品种相对比野生品种核苷酸多态性的降低（White et al., 2004）。研究结果显示，在顶尖族高粱*Ma₃*基因周边也存在一个大小约为500kb（f003和f011）的核苷酸多态性急剧降低的区域（表2-3），在其他族群中并没有发现类似的区域。但是顶尖族高粱*Ma₃*基因的Tajima's D值并没有表现出统计学上的显著性。

另外，在以用途分组的分析结果中也发现了核苷酸多态性降低的区域，自*Ma₃*基因至f009（表2-4）。在帚用高粱和饲用高粱组也都检测到了大小分别为200kb和150kb左右核苷酸多态性降低的区域。

但是，饲用高粱组*Ma₃*基因的Tajima's D值为正（表2-1），因此饲用高粱可能受到人工选择和平衡选择的共同作用。

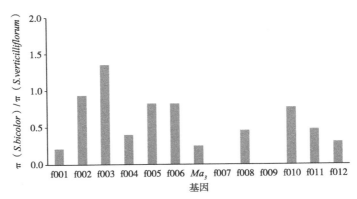

图2-2　栽培高粱中*Ma₃*基因及周边基因的核苷酸多态性

注：纵轴上的数字表示栽培高粱和野生高粱中基因沉默位点π值的比值；横轴上的标注显示了12个侧翼基因和*Ma₃*基因的基因组位置。

表2-3　按族群分组的*Ma₃*及周围12个基因的核苷酸多态性（基于沉默位点）

基因编号	名称	基因沉默位点的核苷酸多态性（π）						
		突尼斯草	栽培高粱					
			全部	双色族	顶尖族	都拉族	几内亚族	卡佛尔族
		（N=7）	（N=71）	（N=49）	（N=15）	（N=3）	（N=2）	（N=2）
f001	Sb01g037040	0.002 42	0.000 51	0.000 19	0.001 59	0.000 00	0.000 00	0.000 00
f002	Sb01g037090	0.005 61	0.006 64	0.006 17	0.004 91	0.012 89	0.008 20	0.010 92
f003	Sb01g037130	0.001 94	0.002 51	0.002 39	0.000 64	0.006 19	0.003 70	0.003 71
f004	Sb01g037190	0.013 67	0.004 37	0.003 94	0.001 78	0.002 65	0.001 99	0.003 98
f005	Sb01g037235	0.003 78	0.000 74	0.000 54	0.000 00	0.000 00	0.000 00	0.013 25
f006	Sb01g037280	0.008 11	0.008 07	0.007 61	0.001 46	0.009 87	0.004 44	0.008 67
Ma₃	Sb01g037340	0.004 77	0.000 90	0.000 71	0.000 09	0.002 75	0.000 82	0.004 81

（续表）

基因编号	名称	基因沉默位点的核苷酸多态性（π）						
		突尼斯草	栽培高粱					
			全部	双色族	顶尖族	都拉族	几内亚族	卡佛尔族
		（N=7）	（N=71）	（N=49）	（N=15）	（N=3）	（N=2）	（N=2）
f007	Sb01g037360	0.000 00	0.000 14	0.000 21	0.000 00	0.000 00	0.000 00	0.000 00
f008	Sb01g037455	0.002 47	0.000 71	0.000 76	0.000 00	0.000 00	0.001 29	0.001 29
f009	Sb01g037510	0.000 00	0.000 29	0.000 00	0.000 00	0.006 88	0.000 00	0.000 00
f010	Sb01g037590	0.002 82	0.001 20	0.001 49	0.000 46	0.000 00	0.000 00	0.000 00
f011	Sb01g037620	0.004 81	0.002 37	0.002 52	0.000 93	0.000 33	0.001 99	0.001 51
f012	Sb01g037680	0.021 18	0.007 36	0.006 77	0.008 35	0.010 27	0.000 00	0.015 38

表2-4 按用途分组的*Ma₃*及周围12个基因的核苷酸多态性（基于沉默位点）

基因编号	名称	基因沉默位点的核苷酸多态性（π）					
		野生高粱	栽培高粱				
			全部	帚用高粱	粒用高粱	甜高粱	饲用高粱
		（N=7）	（N=177）	（N=31）	（N=113）	（N=26）	（N=7）
f001	Sb01g037040	0.002 42	0.000 52	0.000 45	0.000 68	0.000 00	0.000 00
f002	Sb01g037090	0.005 61	0.005 25	0.006 11	0.005 04	0.004 96	0.002 73
f003	Sb01g037130	0.001 94	0.002 63	0.001 32	0.002 95	0.001 25	0.002 64
f004	Sb01g037190	0.013 67	0.005 46	0.002 06	0.006 50	0.003 23	0.002 84
f005	Sb01g037235	0.003 78	0.003 12	0.001 65	0.001 96	0.006 85	0.003 78
f006	Sb01g037280	0.008 11	0.006 67	0.006 47	0.007 26	0.004 17	0.005 51
Ma₃	Sb01g037340	0.004 77	0.001 19	0.000 62	0.001 33	0.001 14	0.000 67
f007	Sb01g037360	0.000 00	0.000 12	0.000 00	0.000 18	0.000 00	0.000 00

（续表）

基因编号	名称	基因沉默位点的核苷酸多态性（π）					
		野生高粱	栽培高粱				
			全部	帚用高粱	粒用高粱	甜高粱	饲用高粱
		(N=7)	(N=177)	(N=31)	(N=113)	(N=26)	(N=7)
f008	Sb01g037455	0.002 47	0.001 13	0.000 48	0.001 09	0.001 44	0.000 37
f009	Sb01g037510	0.000 00	0.001 14	0.000 00	0.001 26	0.000 00	0.007 37
f010	Sb01g037590	0.002 82	0.002 17	0.001 12	0.001 78	0.001 76	0.011 70
f011	Sb01g037620	0.004 81	0.002 28	0.002 31	0.002 02	0.001 22	0.002 95
f012	Sb01g037680	0.021 18	0.006 39	0.005 77	0.007 56	0.000 00	0.007 86

2.2.4　*Ma₃* 基因在栽培高粱和野生高粱中的分化

通过对比栽培高粱和野生高粱中 *Ma₃* 基因的多态性位点，发现在包括基因上游区域，编码区和基因下游区域的整个区域内，野生高粱都表现出了比栽培高粱更丰富的遗传多样性，尤其是顶尖族和几内亚族（表2-5）。这可能与最近发生的高粱驯化过程中的瓶颈效应有关（Deu et al., 2006；Bouchet et al., 2012；Morris et al., 2013；Mace et al., 2013）。顶尖族高粱与野生高粱的 *Ma₃* 基因之间没有相同的多态性位点，说明 *Ma₃* 基因在顶尖族的进化过程中可能受到了瓶颈效应和纯化选择的双重作用。

同时，本研究也构建了 *Ma₃* 基因的系统进化树（图2-3），从进化树上来看，作为外源品种的拟高粱（*S. propinquum*）和近缘野生种的突尼斯草（*S. verticilliflorum*）都明显的与栽培高粱品种分离开，这与之前的研究结果是一致的（Mace et al., 2013）。但是，我们并没有发现栽培高粱按照族群或者用途聚集的现象。

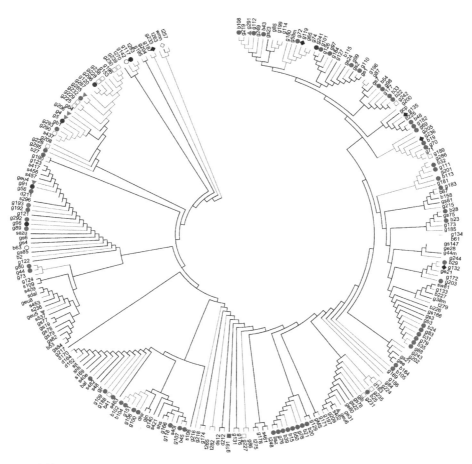

- ● 双色族　　　　　 ● 顶尖族　　　　　 ▲ 几内亚族　　　　　 ◆ 都拉族
- ○ 卡佛尔族　　　　 □ 野生型Shattercane　 野生型Verticilliflorum　 ● 拟高粱
- ● 几内亚族–双色族　● 几内亚族–顶尖族　 ● 卡佛尔族–都拉族　　 顶尖族–双色族
- ■ 几内亚族–都拉族

—— 低纬度地区（23.5S～23.5N）　 —— 中纬度地区（23.5N/S～40N/S）　 —— 高纬度地区（>40N/S）

图2-3　*Ma₃*基因的系统进化树

表2-5　栽培高粱和野生高粱中*Ma₃*基因的多态性位点对比

族群	固定差异位点	共有多态性位点	A	B
栽培高粱	0	28	65	76
双色族	0	14	33	92

（续表）

族群	固定差异位点	共有多态性位点	A	B
顶尖族	0	0	9	107
都拉族	0	14	13	91
几内亚族	4	1	4	106
卡佛尔族	0	14	11	93

注：A—在各族群中具多态性而在突尼斯草中具单一性；B—在突尼斯草中具多态性而在各族群中具单一性。

2.2.5 *Ma₃*基因的关联分析

2012年夏季和冬季，分别在中国农业大学北京实验站（上庄40°N，116°E）和中国农业大学海南实验站（三亚18°N，109°E）种植了118份（115份栽培种和3份近缘野生品种）和107份高粱品种（104份栽培种和3份近缘野生品种）并记录抽穗日期（附表1）。之后用得到的表型数据和测序得到的*Ma₃*基因序列信息分别进行了关联分析。

如图2-4所示，在对北京的118份（115份栽培种和3份近缘野生品种）高粱品种的*Ma₃*关联分析的结果中，只检测到了3个具有统计学显著性的效应位点（$P<0.05$）。其中，关联效应最强烈的是第7 613个碱基位置的位于第三内含子的T缺失突变，但是在118份高粱品种中，只有6份样品的*Ma₃*基因中含有此突变。这6份材料都抽穗较晚（抽穗期长于90d）。同时，在对北京和海南样品的*Ma₃*关联分析的结果中都检测到了位于第7 319个碱基位置的*ma₃*^{R}基因突变，此突变可以造成高粱感光度的急剧下降，使高粱无论在北京的长日照条件下还是在海南的短日照条件下都能很早抽穗（Pao and Morgan，1986；Childs et al.，1995）。

由于光照时长的不同，对海南107份（104份栽培种和3份近缘野生品种）高粱品种的*Ma₃*关联分析的结果与北京的完全不同。在海南的结果中，共检测到了17个具有统计学显著性的效应位点（*P*<0.05）。其中，第6 048个碱基位置的位于第二个内含子的C-T替换突变显示出最强的关联效应，但是这个突变的出现频率也很低，在107份高粱品种中，只有5份样品的*Ma₃*基因中含有此突变。除了*ma₃ᴿ*基因突变，在海南和北京的*Ma₃*关联分析结果中检测到的关联位点都没有重叠。

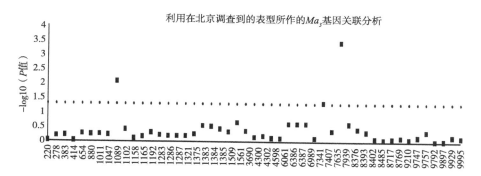

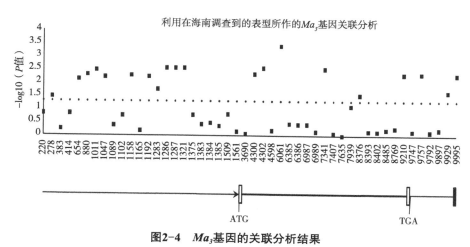

图2-4 *Ma₃*基因的关联分析结果

注：黑色小方形代表可能的关联位点，虚线代表5%显著性阈值。箭头代表基因上游区域；粗的黑色线条代表从起始密码子ATG到终止密码子TGA之间的基因区域；细的黑色线条代表从终止密码子TGA到黑色小长方形之间的基因下游区域。

2.2.6 *Ma₁*基因区的核苷酸多态性

在本研究中，将*Ma₁*基因组序列分为5'-UTR区域（起始密码子上游1 569bp）、基因编码区（从起始密码子至终止密码子共10 329bp，包括7个外显子和6个内含子）和3'-UTR区域（终止密码子下游330bp）进行分析。

如表2-6所示，在54份栽培高粱品种的*Ma₁*基因组序列中，共发现了181个单核苷酸多态位点（SNP）和28个插入缺失多态位点（InDel）。绝大部分的SNP存在于内含子区域，5'-UTR区域次之，外显子和3'-UTR区域最少。而In-Del则大部分存在于5'-UTR区域，内含子次之，外显子和3'-UTR区域最少。而在5份野生高粱品种的*Ma₁*基因组序列中，共发现了87个单核苷酸多态位点（SNP），一半以上的SNP存在于内含子区域，5'-UTR区域次之，外显子和3'-UTR区域最少（附表7）。这说明*Ma₁*基因组序列的内含子区域核苷酸变化的频率比较高。

Murphy等（2011）的研究结果表明，*Ma₁*基因至少存在3种类型的隐性突变。在本研究所使用的材料中只找到了其中的两种。在*Sbprr37-1*基因中，编码假设的信号接收元件序列上游出现了一个G碱基的缺失，引起移码导致转录提前终止。本试验的材料中有12份（gs3、gs77、gs78、gs79、gs80、gs82、gs84、gb3、gjn、g38m、gcp和gee，附表1）含有此类突变，占所有材料的20%。另一种*Sbprr37-3*基因既含有在编码假设的信号接收元件序列中一个G-T替换突变，导致信号接收元件中的保守的赖氨酸被天冬酰胺取代，引起信号接收元件功能的改变，另外还在编码CCT元件的序列上游存在一个C-T替换突变，提前形成终止密码子导致转录提前终止。本试验的材料中有6份（gs4、gs6、gs85、ge8、gb1和gb4，附表1）含有此类突变，占所有材料的10%。

利用在60份高粱材料中提取出的出现频率不低于2%的100个SNP和InDel多态位点，对*Ma₁*基因进行了单倍型整理，共整理出了21种单倍型（附表5）。

表2-6   54份栽培高粱品种中的*Ma₁*基因的多态性位点

	SNP	InDel	总数
5'-UTR区域	27	19	46
外显子	8	1	9
内含子	140	7	147
3'-UTR区域	6	1	7
总数	181	28	209

在54份栽培高粱品种的*Ma₁*基因编码区内，共检测到1个同义突变位点和7个非同义突变位点，因此，非同义突变对同义突变的比值为7，计算得到的同义突变速率为0.014 08，非同义突变的速率为0.029 89。

衡量*Ma₁*基因核苷酸多态性的指数π值也是根据沉默位点（同义突变位点和包括5'-UTR区域及3'-UTR区域的非编码位点）的序列数据计算的。54份栽培高粱中*Ma₁*基因的π值为0.002 20，而9份野生高粱中*Ma₃*基因的π值为0.003 38，两者相差不多（表2-7，图2-5）。同样的，本研究也依据用途分组进行了测定，结果显示，粒用高粱和饲用高粱组*Ma₁*基因的π值相差不大，分别为0.002 24和0.001 72，约为帚用高粱组的2倍（0.000 90）。3组之间的同义突变速率和非同义突变速率都相差不多。

表2-7　*Ma₁*基因的序列多态性

分类	分区ª			核苷酸多态性（π）ᵇ			Kaᵈ	Ksᵈ	Ka/Ksᵈ	Tajima'D	与拟高粱的差异性
	N	S	R	Tᶜ	S	R					
Ma₁	10 383	404.4	1 416.6								
栽培高粱（54）	171	1	7	0.002 20	0.000 09	0.000 76	0.014 08	0.029 89	0.471	−1.439 21ᴺˢ	0.027 26
常用高粱（6）	22	0	1	0.000 90	0.000 00	0.000 20	0.014 10	0.032 44	0.435	−0.345 70ᴺˢ	
粒用高粱（44）	161	1	5	0.002 24	0.000 11	0.000 73	0.014 08	0.029 90	0.471	−1.374 64ᴺˢ	
饲用高粱（4）	32	0	1	0.001 72	0.000 00	0.000 47	0.013 98	0.032 45	0.431	−0.320 75ᴺˢ	
奚尼斯草（5）	77	1	7	0.003 38	0.000 99	0.001 96	0.014 06	0.031 90	0.441	−0.756 26ᴺˢ	

注：① ª N—非编码区域，S—同义突变位点，R—非同义突变位点，T—全部位点；ᵇ基于所有沉默位点；ᶜ基于所有栽培高粱；ᵈ利用DnaSPv5.0软件中的Jukes-Cantor模型计算得出。
② "NS" 代表不显著。

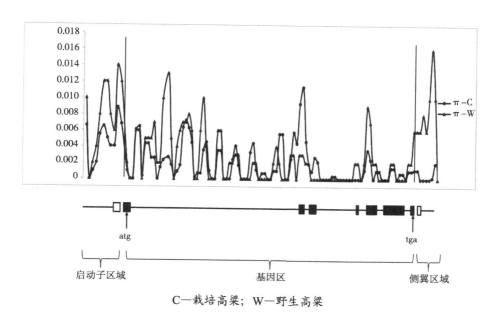

C—栽培高粱；W—野生高粱

图2-5 *Ma₁*基因核苷酸多态性的滑窗分析（π值）

注：滑窗长度为200bp；每一步长度为100bp。内含子区域用黑色细线表示，外显子区域用黑色长方形表示。

2.2.7 *Ma₁*基因的中性检测

本研究也对各个分组中*Ma₁*基因的中性偏离情况利用Tajima's D进行了检测。结果显示，所有54份栽培高粱品种的Tajima's D值为−1.439 21，但是没有表现出统计学显著性。按照用途分组的几组材料的Tajima's D值均稍稍偏离于0，但是都没有表现出统计学显著性。另外，对*Ma₁*基因分区检测的结果显示，只有粒用高粱的3'-UTR区域的Tajima's D值具有统计学显著性（*P*<0.05）。

2.2.8 *Ma₁*基因周围的选择性清除现象

与野生高粱相比，栽培高粱的*Ma₁*基因及周围7个基因的核苷酸

47

多态性都相差不多（表2-8）。但是，在12份含有*Sbprr37-1*基因的材料中，*Sbprr37-1*基因的π值为0.000 22，6份含有*Sbprr37-3*基因的材料的*Sbprr37-3*基因序列完全一致。与野生高粱品种*Ma₁*基因的π值（0.003 38）相比，核苷酸多态性急剧降低。为了排除瓶颈效应的影响，取栽培高粱品种中*Ma₁*基因及周围7个基因的突变型和野生型的π值的比值，结果发现含有两种突变类型的栽培品种中，*Ma₁*基因及周边的7个基因的核苷酸多态性都急剧降低（图2-6），表明*Sbprr37-1*基因和*Sbprr37-3*基因及各自的周边基因序列具有较强的保守性，体现了选择性清除的特征。

另外为了排除数据统计的影响，本研究也分别计算了所有栽培品种中，含有*Ma₁*基因突变型和野生型的材料中*Ma₃*基因的π值。在含有*Sbprr37-1*基因的材料中，*Ma₃*基因的π值为0.000 92；在含有*Sbprr37-3*基因的材料中，*Ma₃*基因的π值为0.001 22；而在含有显性*Ma₁*基因的材料中，*Ma₃*基因的π值为0.000 59。说明在含有*Ma₁*基因两种突变型的材料中，*Ma₁*基因及周围7个基因的核苷酸多态性急剧降低的现象并不是发生在整个基因组水平的普遍现象，而有可能是选择性清除造成的影响。

Morris等（2013）的研究结果显示，在高粱6号染色体上6.6～42Mb存在一个基因组序列杂合度很低的区域，他们推测此区域为*Ma₁*基因和附近的某个基因受到选择作用而引起的选择性清除区域。在本研究中，检测到的*Ma₁*基因周边至少1Mb的选择性清除区域正好位于他们检测到的区域内部，也进一步支持了他们的猜想。

表2-8 按用途分组的*Ma₁*及周围7个基因的核苷酸多态性（基于沉默位点）

基因编号	名称	基因组位置（Mb）（6号染色体）	注释	基因沉默位点的核苷酸多态性（π）				
				野生高粱	所有栽培高粱			
					全部	帚用高粱	粒用高粱	饲用高粱
				（N=5）	（N=54）	（N=6）	（N=44）	（N=4）
f001	Sb06g014365	39.731	假定蛋白	0.000 00	0.000 73	0.000 00	0.000 90	0.000 00
f002	Sb06g014510	40.175	与假定的非特征性蛋白有较弱相似性	0.006 81	0.003 33	0.000 71	0.002 88	0.009 23
f003	Sb06g014550	40.216	与Os03g0439500编码的蛋白相似	0.000 00	0.016 95	0.000 00	0.016 63	0.003 64
Ma₁	Sb06g014570	40.280~40.290	与双元响应调节器PRR37相似	0.003 38	0.002 20	0.000 90	0.002 24	0.001 72
f004	Sb06g014575	40.366	假定蛋白	0.000 00	0.003 57	0.013 62	0.000 00	0.000 00
f005	Sb06g014660	40.472	假定蛋白	0.015 05	0.019 34	0.007 51	0.019 29	0.015 37
f006	Sb06g014674	40.557	假定蛋白	0.001 69	0.001 17	0.000 00	0.001 41	0.000 00
f007	Sb06g014740	40.784	类似于花粉特异蛋白C13前体	0.006 59	0.001 88	0.000 00	0.001 68	0.004 36

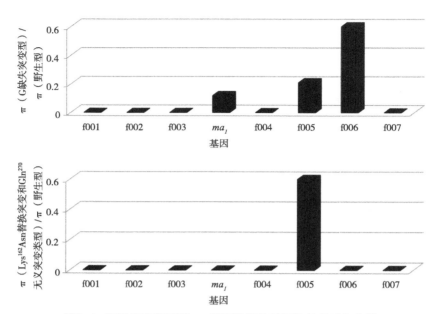

图2-6 两种突变类型的*ma₁*基因及周边基因的核苷酸多态性

注：纵轴上的数字表示栽培高粱中每种突变类型的*ma₁*基因与野生高粱中*Ma₁*基因沉默位点π值的比值。横轴上的标注表示7个侧翼基因和*Ma₁*基因的基因组位置。

2.2.9 *Ma₁*基因的系统进化分析

本研究构建了*Ma₁*基因的系统进化树（图2-7）来了解栽培高粱和野生高粱中*Ma₁*基因的分子进化关系，从进化树上来看，作为外源品种的拟高粱（*S. propinquum*）和近缘野生种的突尼斯草（*S. verticilliflorum*）都明显的与栽培高粱品种分离开，这与之前的研究结果是一致的（Mace et al., 2013）。同时，含有*Sbprr37-3*基因的6份材料和含有*Sbprr37-1*基因的12份材料各自聚集在一起，分别位于系统进化树的两端。说明*Ma₁*基因可能经历了不同的驯化途径，这与Quinby（1974）的预言相吻合，他认为来自不同温带地区的高粱种质资源中保存有各自驯化过程中产生的独特的隐性*ma₁*基因突变类型。

　　另外很有趣的一点是，聚集了含有*Sbprr37-3*基因的材料的一簇分支位于拟高粱（*S. propinquum*）和近缘野生高粱（*S.verticilliflorum*）之间。这有可能因为*Sbprr37-3*基因是最初出现于很早就被驯化的栽培种祖先Conbine Kafir-60中的卡佛尔族高粱驯化过程中*Ma₁*基因发生的突变类型（Smith et al.，2000）。而*Sbprr37-1*基因则是在18世纪中期典型的热带迈罗高粱品种从哥伦比亚被引进到美国的过程中形成的（Smith et al.，2000）。

　　此外，本研究没有发现栽培高粱按照族群或者用途聚集的现象。

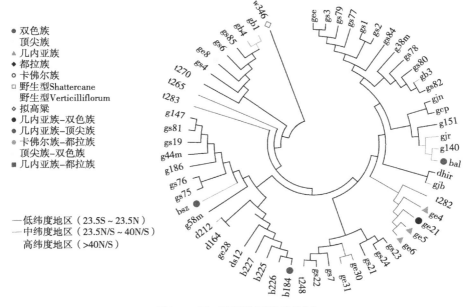

图2-7　*Ma₁*基因的系统进化树

2.3　讨论

　　高粱抽穗期是由一系列感光基因和成花素基因参与的光信号

通路调控的，*Ma₁*基因编码的PRR37蛋白是此通路中主要的阻抑物（Murphy et al., 2011）。在最初发现的调控高粱开花时间的4个基因中，*Ma₁*基因的作用最为强烈（Quinby, 1974））。在高粱从热带地区被引进到温带地区的过程中，由于生存需要，*Ma₁*基因内部发生了一系列独立的突变事件（Murphy et al., 2011）。

调控高粱抽穗期的信号通路中另一个核心基因便是*Ma₃*基因，它编码的光敏色素B与光敏色素A和C一起组成高粱的光敏色素家族，与后两者相比，光敏色素B中几乎找不到氨基酸替代突变，表现出强烈的纯化选择的特征（Childs et al., 1997；Alba et al., 2000；White et al., 2004）。

Morris等（2013）的研究发现，在高粱的基因组中存在一些DNA杂合度严重降低的区域。其中*Ma₁*基因所在的区域被检测到了而*Ma₃*基因所在的区域并没有。这可能是因为他们的研究所使用材料是含有控制早熟及株高变矮的基因片段的高粱渗入系，而供体亲本BTx406含有隐性的*ma₁*基因和显性的*Ma₃*基因，后者在基因渗入的过程中没有受到选择作用。

所以，为了进一步研究*Ma₁*和*Ma₃*基因的序列多态性及各自的分子进化特点，本研究对252份由栽培高粱，近缘野生高粱和拟高粱组成的材料中的*Ma₁*和*Ma₃*基因进行测序并分析。这对高纬度温带地区和高海拔地区高粱的引种及产量提高具有重要的意义。

2.3.1　*Ma₁*和*Ma₃*基因区的核苷酸多态性

本研究中，在242份栽培高粱*Ma₃*基因的编码区中检测到了22个非同义突变位点和21个同义突变位点，两者的比率为1.05。而在White等（2004）对16份高粱材料光敏色素家族基因的研究结果中，他们在*Ma₃*基因的编码区中仅检测到了4个非同义突变位点和5个同义突变位点，两者的比率为0.8。本研究的试验结果之所以与他们的不同，可能是因为本研究采用的高粱材料数目更多、范围更广。另外，Hamblin等（2006）通过对17个栽培高粱品种中的204个基因位点的分析，在整个基因组水平检测到了90个非同义突变位点和153个同义突变位点，两者的比率为0.59。Mace等（2013）检测到了44份栽培高粱和野生高粱整个基因组中的112 108个非同义突变位点和112 255个同义突变位点，两者的比率为1。本研究结果得到的Ma_3基因中非同义突变位点对同义突变位点的比率更接近Mace等（2013）研究得到的整个基因组水平中非同义突变位点对同义突变位点的比率。而在54份栽培高粱品种的Ma_1基因编码区内，共检测到7个非同义突变位点和1个同义突变位点，因此，得到的非同义突变对同义突变的比率为7。这远远大于Ma_3基因和整个基因组水平中非同义突变位点对同义突变位点的比率。说明Ma_1基因的核苷酸变化频率更高。

在White等（2004）对16份栽培高粱和野生高粱材料光敏色素家族基因的研究结果中，他们分析得到的栽培高粱中Ma_3基因的核苷酸多态性指数（π）为0.000 97，野生高粱中的为0.001 14。而本研究得到的栽培高粱中Ma_3基因的核苷酸多态性指数（π）为0.001 19，野生高粱中的为0.004 77。与前者的研究结果相比，研究结果中野生高粱的π值要远大于栽培高粱的，这说明Ma_3基因可能经受了瓶颈效应或者强烈的选择作用。在6份含有ma_3^R基因的材料中，ma_3^R基因的序列完全一致，说明Ma_3基因受到了强烈的选择作用而非瓶颈效应的影响。另外，栽培高粱中Ma_3基因的Tajima's D值为-2.378 40，并且具有统计学的显著性，也表明Ma_3基因受到了正向选择作用。本研究结果也进一步证明纯化选择作用是Ma_3基因的主要进化动力，同时一些突变位点也受到了正向选择作用，这与之前研究得到的结论是类似的（Yang et al.，2002）。本研究中，54份栽培高粱中Ma_1基因的π值为0.002 20，9份野生高粱中Ma_3基因的π值为0.003 38，两者相差不多。

但是在12份含有*Sbprr37-1*基因的材料中，*Sbprr37-1*基因的π值为
0.000 22，6份含有*Sbprr37-3*基因的材料的*Sbprr37-3*基因序列完全
一致，表明*Ma₁*基因在进化过程中也经受了正向选择作用。

2.3.2 *Ma₁*和*Ma₃*基因周围的选择性清除现象

选择性清除或者基因搭乘被认为是基因位点受到强烈的正向选
择作用后引起的周边基因的核苷酸多态性急剧降低的现象（Smith
et al.，1974）。在对高粱基因组的研究中，Casa等（2006）检测到
了位于1号染色体上的分子标记Xcup15周围可能存在的一个大小约为
99kb的选择性清除区域。Wang等（2013）通过对242份高粱品种基因
组中的13 390个单核苷酸多态性位点分析后得出，高粱基因组中平均
连锁不平衡的范围为10～30kb。Mace等（2013）的研究表明，高粱
基因组中，大约有55.5%的可能受到选择作用的基因位点和48.3%的
不变位点与之前研究已发现的驯化相关基因在染色体的相同或者相近
的区域。根据Kaplan等（1989）的猜想，如果一个基因突变在驯化过
程中受到正向选择作用，那么含有这个突变的单倍型就会在该突变位
点周围形成一个连锁不平衡的区段。在本研究中，含有ma_3^R突变的高
粱品种*Ma₃*基因及周边12个基因的序列完全一致，说明ma_3^R突变受到
强烈的正向选择作用，并且在周围至少660kb的范围内引起了选择性
清除现象的发生。本研究检测到的*Ma₃*基因周围选择性清除的范围远
大于异交作物玉米中已发现的选择性清除的范围（<100kb）（Wang
et al.，1999；Clark et al.，2004；Tian et al.，2009），与自交作物水
稻中的相似（250kb至1Mb）（Olsen et al.，2006；Sweeney et al.，
2007）。

另外，本试验所用的顶尖族高粱品种的*Ma₃*基因周围也检测到
了一个大小约为500kb的核苷酸多态性降低的区域，但是顶尖族高粱

*Ma₃*基因的Tajima's D值并没有表现出统计学上的显著性。鉴于顶尖族高粱被认为是最近刚分化出的一个族群，并且分布范围极其有限（Stemler et al., 1975），因此推测这个核苷酸多态性降低的区域有可能是受到群体瓶颈效应或者另一个还未被发现的*Ma₃*基因的隐性突变位点受到选择作用引起的选择性清除的范围。同时，在依据用途分组分析时，在帚用高粱组和饲用高粱组的*Ma₃*基因周围也检测到了核苷酸多态性降低的区域。帚用高粱是一种主要种植在非洲以外的特殊栽培品种，并不是在高粱的起源中心被收集的（Weibel, 1970）。世界范围内的农业生产中，为了得到长的穗部纤维而对帚用高粱不断地重复选择来促进它不断进化（Doggett, 1988；Berenji, 2011）。因此本研究检测到的帚用高粱*Ma₃*基因周围核苷酸多态性降低的现象可能是由于*Ma₃*基因受到选择作用引起的选择性清除，也有也可能是由于帚用高粱的祖先本身有比较单一的遗传背景。而饲用高粱组的*Ma₃*基因周围核苷酸多态性降低的现象则可能是由于本试验的样品数有限（饲用高粱品种仅有7份）导致的。

　　同时，在依据用途分组分析*Ma₁*基因及周边基因的核苷酸多态性时，本研究并未发现栽培高粱品种的核苷酸多态性水平相比野生高粱有明显的降低。但是在含有*Sbprr37-1*和*Sbprr37-3*隐性突变位点的高粱品种中，*Ma₁*基因及周边基因的核苷酸多态性急剧降低，覆盖了至少1Mb的区域，符合选择性清除的特征。鉴于中性检测并未检测到*Ma₁*基因偏离平衡进化的信号，所以猜测对*Ma₁*基因的不同等位基因的多样化选择作用均衡了对隐性突变位点的正向选择作用。

2.3.3　*Ma₃*基因的关联分析

　　近年来，运用大量的分子标记对作物的基因组进行关联分析的报道层出不穷，尤其是对主要粮食作物如水稻（Huang et al., 2010，2012）和玉米（Tian et al., 2011；Kump et al., 2011；Poland et al., 2011）的研究占了较大比重。在对高粱基因组进行的关联分析研究中，Morris等（2013）用约265 000个SNP对高粱基因组进行关联分析，找到了与抽穗期、株高和一些穗部性状等重要农艺性状相关联的位点。Bhosale等（2012）通过对219份收集自非洲西部和中部的高粱品种的基因组进行关联分析，找到了调控高粱抽穗期的基因*CRY1-b1*和*GI*中的关联SNP位点。另外，Upadhyaya等（2012）对一个小规模的高粱核心种质进行关联分析作图，找到了5种不同环境中与株高和抽穗期相关联的基因位点。以上研究都检测到了高粱基因组中调控抽穗期的重要基因，例如*Ma₃*和*Ma₁*基因，但是他们都没有检测到这些基因中重要的突变位点。对候选基因的关联分析通常被用来寻找目的基因中重要的与功能相关的SNP位点（Konishi et al., 2006；Lin et al., 2012；Zhu et al., 2013）。Childs等（1997）的研究表明，*Ma₃*基因的第三个外显子上的一个腺嘌呤的缺失突变会引起转录移码，导致转录提前终止，不能合成具有正常生物活性的光敏色素B，因此含有这类ma_3^R基因的植株表现为对光周期不敏感而开花提早。通过对*Ma₃*基因的关联分析，本研究分别在北京和海南的结果中检测到了包括ma_3^R基因突变在内的3个和17个显著关联的SNP位点。由于高粱的开花时间受到光周期的影响，因此在低纬度地区（短日照条件），例如海南，它的开花时间的变化就不如高纬度地区（长日照条件），例如北京的变化丰富，这就解释了为何在海南的关联分析结果中检测到了更多的SNP位点。此外，通过氨基酸序列比对，发现了6份和2份样品分别在*Ma₃*基因第4个外显子上和第3个外显子上提前形成终止密码子，但是本研究的关联分析结果中并未检测到这些位点。

研究调控重要农艺性状的基因的序列变化，有助于从分子层面了解这些基因的进化信息。本研究对252份栽培高粱和野生高粱品种的*Ma₁*基因和*Ma₃*基因进行测序并对其序列进行分析，发现在世界范围内的高粱驯化过程中，这两个调控抽穗期的重要基因受到了选择作用。另外，通过对这两个基因周边的基因序列进行分析，发现纯化选择是Ma_3基因的主要进化动力，同时，ma_3^R基因突变受到强烈的正向选择作用；而Ma_1基因中的两种隐性突变位点也同样受到正向选择作用，并且Ma_1基因至少有两种独立的进化过程。本研究揭露了两个调控高粱抽穗期的基因的分子进化特点，这对了解高粱基因组的遗传多样性以及随着高粱在世界范围内的传播中抽穗期相关基因的进化历程都具有非常重要的意义。

3

调控高粱抽穗期的QTL分析

目前认为至少有6个基因通过调节高粱的感光度来调控高粱的抽穗期，分别是Ma_1、Ma_2、Ma_3、Ma_4、Ma_5和Ma_6（Quinby et al., 1945；Quinby, 1966, 1967；Rooney et al., 1999；Mullet et al., 2012, 2013）。其中，Ma_1、Ma_3、Ma_5和Ma_6基因均已被成功克隆（Childs et al., 1997；Murphy et al., 2011；Mullet et al., 2012, 2013），但其他影响高粱抽穗期的基因还有待发掘。本研究以Hiro-1 × Early Hegari构建的F_2群体为试验材料，利用SSR多态性标记进行基因型分析，结合多年表型数据进行QTL定位，检测控制高粱抽穗期性状的相关QTLs，以期找寻新的基因位点，为今后的高粱育种服务。

3.1 材料与方法

3.1.1 群体构建

以早熟高粱品种Hiro-1和Early Hegari为母本和父本，杂交后得到晚熟的F_1，收种后将种子种植于中国农业大学上庄实验站（北京40°N，116°E）构建F_2分离群体。

3.1.2 田间表型观察及抽穗日期记录

从F_2分离群体中最早一株单株开始抽穗的日期开始，每隔两天记录一次，持续记录90d左右。抽穗日期以穗顶部刚从外层包叶中露尖的日期为准。

3.1.3 DNA提取

采用CTAB法，具体参照第2章。

3.1.4　引物筛选

本试验中所使用的高粱SSR标记均来自前人发表的标记。包括 Fs系列（编号为Sb、Xcup、Xtxp、和Xgap）（Brown et al.，1996；Taramino et al.，1997；Kong et al.，2000；Bhattramakki et al.，2000；Schloss et al.，2002；Srinivas et al.，2008；Srinivas et al.，2009）、sam系列（Li et al.，2009）和SB系列（Yonemaru et al.，2009）。其中Fs系列中共含有均匀覆盖高粱10条染色体的286对标记，因此先使用这286对标记进行初步引物筛选，然后根据染色体上多态性标记空缺的位置，补充筛选相应的sam系列和SB系列标记（朱梦娇，2014）。最终尽量保证每条染色体上有10对左右的引物均匀分布，每两对引物的物理距离在7 000kb左右。

3.1.5　PCR扩增

3.1.5.1　引物稀释

分别取最初浓度均为100pmol/μL的上游引物10μL和下游引物50μL，加入190μL去离子水稀释混合在一起，保证最终上下游引物的浓度比为1∶5。

3.1.5.2　反应体系

DNA（50~70ng/μL）	1μL
10×Buffer	1μL
dNTP（2.5mM）	0.8μL
引物（F引物4pmol/μL，R引物20pmol/μL）	0.3μL

（续表）

M13荧光标记引物	0.3μL
Taq酶（5.0U/μL）	0.1μL
ddH$_2$O	6.5μL
总体积	10μL

注：M13荧光标记引物（IRD700-或IRD800-CACGACGTTGTAAAACGAC；LI-COR，Lincoln，NE，USA）

3.1.5.3　扩增程序

	94℃	5min
2×	94℃	1min
	65℃	1min
	72℃	1.5min
10×	94℃	1min
	65～55℃（每个循环降低1℃）	1min
	72℃	1.5min
30×	94℃	1min
	55℃	1min
	72℃	1.5min
	72℃	7min
	4℃	10min

3.1.6 聚丙烯酰胺凝胶电泳

首先进行装板和灌胶，先取出干净的制胶板，将底层制胶板平放于台面上，在其左右两侧分别放置厚度为0.25mm的压条，使压条的底部和左右边缘与制胶板边缘平齐。然后将顶层制胶板盖上，使上下层的制胶板的底部和边缘平齐。最后，用配套固件将两块制胶板压紧固定，将组装好的胶板倾斜放置于支撑泡沫板上以便灌胶。

聚丙烯酰胺凝胶的配制：

Long Ranger混合胶	2.4mL
10 × TBE	2.0mL
尿素溶液	15.6mL
10%过硫酸铵	133μL
TEMED	13μL
总体积	20mL

将配好的凝胶混合液快速摇匀，并立即灌胶以防胶液凝固。右手握住装有凝胶液的锥形瓶，在制胶板上沿连续匀速地倾倒凝胶液于两层制胶板之间的空隙内，同时用左手轻轻敲打顶层板面，以便灌注均匀防止产生气泡。当凝胶液充满整个胶槽，需立刻将板面放平，防止胶液流失。仔细检查已灌注的凝胶液中是否有气泡。若有则需尽快在胶液凝固前用专用钩子，将气泡钩出。检查完毕后将点样梳背部插入制胶板上沿的胶液中，使凝胶上缘形成点样槽。最后，拧紧压板，将制胶板水平静置至少3h备用。

然后对扩增产物进行变性处理，在扩增产物中加入5.5μL变性剂，置于90℃下变性3min，取出后立即遮光并放在冰上至少30min备用。

变性剂配方：

碱性品红（Fuchsine Basic）	0.05g
溴酚兰（Bromophenol Blue）	0.005g
0.5M EDTA（pH值=8.0）	1mL
甲酰胺（Formamid）	47.5mL
ddH$_2$O	1.5mL
总体积	50mL

待制胶板中的胶液凝固后，拔出点样梳，用装有去离子水的洗瓶仔细清洗点样槽，直至点样槽中没有碎胶残留。将干净的点样梳梳齿轻轻地插入点样槽胶面，形成点样孔。然后用擦镜纸将制胶板的外表面擦拭干净，尤其要确保激光扫描区域的绝对洁净。将擦拭干净的制胶板安装到LI-COR 4300 DNA分析仪中，安装电泳槽等相关部件，在电泳槽内倒入1L 0.8×TBE缓冲液。接好电极后关上分析仪前门，点开电脑软件e-seq进行预电泳。预电泳的条件为电压1 500V、电流40mA、功率60W、时间20min、温度45℃。

待预电泳结束后，打开分析仪前门，取下上部电极，进行点样。用移液枪小心地在点样孔中点入0.3～1.0μL经变性处理后的扩增产物（扩增体系中加入IRD700荧光标记）和0.1μL IRD700荧光标记Marker，接好电极，关上分析仪前门进行正式电泳。电泳条件为电压1 500V，电流40mA，功率60W，时间6h 55min，温度45℃。运行5min后，暂停电泳。打开分析仪前门，取下上部电极，用移液枪小心地在点样孔中点入0.3～1.0μL经变性处理后的扩增产物（扩增体系中加入IRD800荧光标记）和0.1μL IRD800荧光标记Marker，继续进行电泳。

根据扩增产物片段大小，估算目的条带电泳到激光扫描区域的时间，即显示在电脑屏幕上的时间。根据这个时间间隔，安排下一轮点样的时间。待全部电泳结束后，保存电泳数据，输出扫描的凝胶照片。关闭LI-COR 4300 DNA分析仪，打开分析仪前门，拔掉电线取下上部电极，取出制胶板，拔出点样梳，弃掉缓冲液，拆卸制胶板，取出废胶后仔细清洗上下板面。

制胶板清洗：用洗涤剂将制胶板正反两面都擦洗干净后用流动的自来水冲洗。最后用流动的去离子水冲洗至玻璃板面清洁无污，自然晾干后备用。

3.1.7　数据读取及分析

首先，用挑选出来的SSR引物测定两亲本的基因型，筛选出在两个亲本间有差异的SSR标记，然后用这些标记分别测定F_2分离群体中每个单株的基因型。读取单株的基因型时，与母本Hiro-1带型相同的个体记为"A"，与父本Early Hegari带型相同的个体记为"B"，具有杂合带型的个体记为"H"，条带缺失的个体记为"0"。结合基因型和表型数据，利用MapManagerQTXb20软件（Manly et al.，2001；http://mapmgr.roswellpark.org/mmQTL.html），取概率值$P<0.01$作为判断QTL存在的阈值，采用单标记分析法进行QTL分析。用MapChart2.0软件绘制多态性标记的物理图谱（Voorrips，2002）。

3.2　结果与分析

3.2.1　亲本表型鉴定

为鉴定亲本Hiro-1和Early Hegari在抽穗期性状上的差异性，分别选取两亲本的多个单株进行抽穗期表型观察，然后通过SPSS20软件进行独立样本T检验，来分析两亲本在抽穗期性状上的差异显著性。经检验，亲本Hiro-1和Early Hegari在抽穗期性状上不存在显著差异（图3-1）。

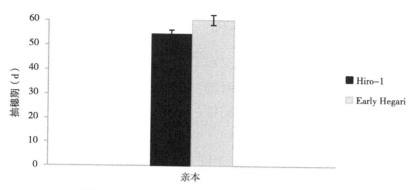

图3-1　亲本Hiro-1、Early Hegari表型鉴定结果

3.2.2　群体表型鉴定

本研究对2012年种植于北京的Hiro-1×Early Hegari F$_2$分离群体进行了遗传分析。观察记录F$_2$分离群体的188个单株的抽穗期然后进行正态分布检测，及其峰度、偏度和标准差等基本统计量的分析。结果表明，F$_2$群体中只有很少部分个体的抽穗期介于双亲之间，抽穗期表型数据在群体中呈现接近正态的连续分布，并存在明显的双向超亲分离现象（图3-2）。

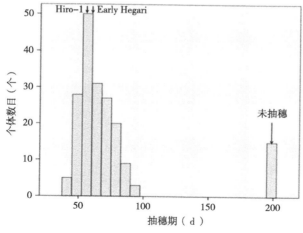

图3-2　2012年北京F$_2$群体表型鉴定结果

注：黑色箭头所示为亲本及未抽穗个体表型值所在区间。

3.2.3 SSR标记的多态性统计

共筛选出89对在亲本Hiro-1和Early Hegari中存在多态性的SSR标记。利用这89对多态性标记对2012年北京F_2群体188个单株进行基因型分析，结果显示每一个标记中，"A"带型个体数："H"带型个体数："B"带型个体数=1∶2∶1，未发现偏分离的标记。这89对多态性标记可以用于QTL分析（图3-3）。

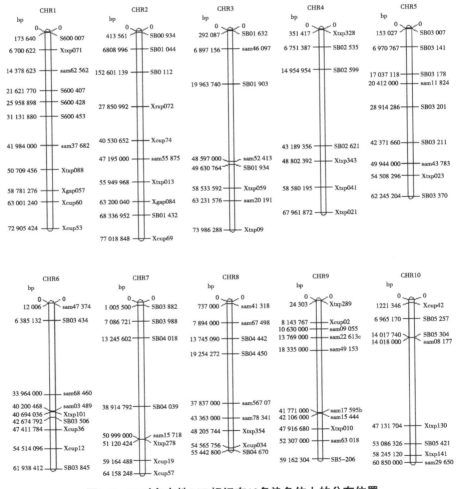

图3-3 89对多态性SSR标记在10条染色体上的分布位置

3.2.4　调控高粱抽穗期的QTL分析

根据89对SSR标记的基因型鉴定结果和F_2群体188个单株的表型鉴定结果，利用MapManagerQTXb20软件，取概率值$P<0.01$作为判断QTL存在的阈值，采用单标记分析法进行QTL分析（表3-1）。

表3-1　2012年北京F_2群体抽穗期性状QTL分析结果

染色体	引物	统计量	贡献率（%）	P值	加性效应值	显性效应值
3	Xtxp059	28.8	15	0.000 00	−8.27	1.9
3	sam20191	43.8	21	0.000 00	9.85	−5.2
4	SB02599	38.2	20	0.000 00	9.27	0
4	SB02621	22.9	13	0.000 01	8.12	−0.6
4	Xtxp343	28.5	16	0.000 00	7.95	0.4
6	SB03434	15	8	0.000 55	5.68	3.5
6	sam68460	12.7	7	0.001 73	5.38	2.5
6	SB03489	12.4	7	0.001 99	5.87	2.2
6	Xtxp101	11.7	7	0.002 95	5.76	2.8
6	SB03506	13.7	8	0.001 07	5.97	2.8
6	Xcup36	14.3	8	0.000 80	6.34	1.2
9	Sb5-206	18.6	12	0.000 09	−7.80	−1.3

共检测到12个影响高粱抽穗期的标记，分别位于3、4、6、9号染色体上。其中，位于3号染色体上的sam20191具有最高的贡献率，为21%。其他标记的贡献率在7%～20%。除了位于3号染色体上的标记Xtxp059和位于9号染色体上的标记Sb5-206之外，其他标记的加性效应值均为正值，说明除了这两个位点之外，Hiro-1中的等位基因会延迟抽穗。另外，位于6号染色体上Ma_1基因两边的标记Xtxp101和

SB03489也同样被检测到，贡献率均为7%，说明Ma_1基因对这个F₂群体的抽穗期也有影响。

3.2.5 2014年北京F₂群体验证

由于数量性状具有易受环境因素影响的特点，因此于2014年5月在中国农业大学北京上庄实验站种植Hiro-1 × Early Hegari F₂分离群体，用来验证之前QTL分析的结果。该群体含有123株个体，选用在2012年北京F₂群体中检测到的具有较高贡献率的10个SSR标记（sam20191、SB02599、SB02621、Xtxp343、sam68460、SB03489、Xtxp101、SB03506、Xcup36和Sb5-206），分别对123株个体进行基因型分析。根据基因型鉴定结果和123个单株的表型鉴定结果，利用MapManagerQTXb20软件，取概率值$P<0.01$作为判断QTL存在的阈值，采用单标记分析法进行QTL分析（图3-4）。

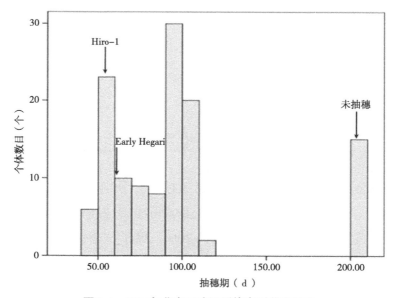

图3-4 2014年北京F₂验证群体表型鉴定结果

注：黑色箭头所示为亲本及未抽穗个体表型值所在区间。

70

　　QTL分析结果如表3-2中所示，该群体在10个所选标记中的6个标记位点仍可以检测到较高的贡献率，说明2012年北京F_2群体的QTL分析结果是可信的。但是，两次QTL分析都检测到的贡献率较高的标记的贡献率值不同，说明环境因素对目标性状的表达存在一定影响。其中，位于6号染色体上Ma_1基因两侧的标记Xtxp101和SB03489具有最高的贡献率，分别为20%和19%，说明Ma_1基因对此群体抽穗期性状的影响很大。但是，在2012年北京F_2群体的QTL分析结果中贡献率最高的位于3号染色体上的标记sam20191在此次的结果中却没有检测到。

表3-2　　2014年北京F_2验证群体抽穗期性状QTL分析结果

染色体	引物	统计量	贡献率（%）	P值	加性效应值	显性效应值
4	SB02599	10.4	8	0.005 53	17.28	-3.7
4	SB02621	9.6	7	0.008 40	17.09	-2.2
6	sam68460	17.8	14	0.000 13	22.18	13.2
6	SB03489	27.4	20	0.000 00	27.66	16.1
6	Xtxp101	26.3	19	0.000 00	27.60	16.3
6	SB03506	23.8	18	0.000 01	26.81	13.6
9	Sb5-206	13.8	11	0.001 00	-12.18	23.2

3.3　讨论

　　一直以来，抽穗期都被认为是高粱育种工作中的一个重要的农艺性状。高粱的抽穗期长短差异较大，并且易受到外界环境，例如光周期、温度等因素的影响（卢庆善等，2005）。分离控制高粱抽穗期性状的基因，合理掌控抽穗期，对不同地区的高粱引种及满足不同需要的高粱种植都具有非常重要的意义。

现认为至少有6个基因位点通过调节高粱对光周期的敏感度来调控高粱的抽穗期，分别是Ma_1、Ma_2、Ma_3、Ma_4、Ma_5和Ma_6（Quinby et al.，1945；Quinby，1966，1967；Rooney et al.，1999；Mullet et al.，2012，2013）。其中，已有4个被成功克隆（表3-3），其他位点还有待进一步分离鉴定。

表3-3　控制高粱抽穗期的基因

基因	染色体	基因定位	基因编号	参考文献
Ma_1	6	11～19cM	Sb06g014570，PRR37	Murphy et al.，2011
Ma_2	2	145～148cM	—	—
Ma_3	1	166cM	Sb01g037340，PHYB	Childs et al.，1997
Ma_4	10	—	—	—
Ma_5	1	23～26cM	Sb01g007850，PHYC	Mullet et al.，2012，2013
Ma_6	6	11～19cM	Sb06g000570，GHD7	Mullet et al.，2012，2013

本研究以Hiro-1 × Early Hegari构建的F_2分离群体为试验材料，利用SSR多态性标记进行基因型分析，结合多年表型数据进行QTL分析，分别在高粱第3、4、6、9号染色体上检测到了影响高粱抽穗期性状的标记，其中也包括对高粱感光度影响最为强烈的Ma_1基因的连锁标记。

与之前的研究结果（表3-4）相比，本研究检测到的位点既有重叠之处，又有新位点的出现。例如，在9号染色体上检测到的标记Sb5-206与Lin等（1995）和Paterson等（1995）检测到的标记位置相近。之前的研究虽然也都在6号染色体上除Ma_1和Ma_6基因之外的位置检测到了调控高粱抽穗期的QTL位点，但是位置都不相同，与本研究检测到的几个标记位置也不相同。而且，在4号染色体上检测到的标记位点在之前研究中都没有出现过。

表3-4　已检测到的调控高粱抽穗期的QTLs

位点	杂交组合	基因位点	分子标记	参考文献
FlrAvgBl	BTx623 × S.propinquum	SBI02, 102～119cM	UMC5, UMC139	Lin et al., 1995
FlrAvgDl	BTx623 × S.propinquum	SBI06, 9～21cM		Lin et al., 1995
FlrFstGl	BTx623 × S.propinquum	SBI09, 129～150cM	UMC132	Lin et al., 1995
QMa1.uga-G	BTx623 × S.propinquum	SBI09, 129～150cM	Xulnc132, pSB445	Paterson et al., 1995
QMa1.uga-D	BTx623 × S.propinquum	SBI06, 31～59cM	—	Paterson et al., 1995
QMa5.uga-D	BTx623 × S.propinquum	SBI06, 8～20cM	—	Paterson et al., 1995
FltQTL-DFG	B35 × RTx430	SBI10, 70～74cM	—	Crasta et al., 1999
FltQTL-DFB	B35 × RTx430	SBI01, 45cM	—	Crasta et al., 1999
QMa50.txs-A	BTx623 × IS3620C	SBI01, 182～186cM	Xgap36	Hart et al., 2006
QMa50.txs-C	BTx623 × IS3620C	SBI03, 140cM	Xumc16, Xtxs422	Hart et al., 2006
QMa50.txs-Fl	BTx623 × IS3620C	SBI09, 143cM	Xcdo393	Hart et al., 2006
QMa50.txs-F2	BTx623 × IS3620C	SBI09, 143cM	Xcdo393	Hart et al., 2006
QMa50.txs-H	BTx623 × IS3620C	SBI08, 130～136cM	Xtxp105, Xtxs1294	Hart et al., 2006
QMa50.txs-I	BTx623 × IS3620C	SBI06, 10～36 cM	Xumc119, Xcdo718	Hart et al., 2006
Bin_2054	654 × LTR108	SBI06, 47.59～48.73cM	qHD6a	Zou et al., 2012

（续表）

位点	杂交组合	基因位点	分子标记	参考文献
Bin_2071	654 × LTR108	SBI06, 56.99 ~ 57.96cM	qHD6b	Zou et al., 2012
Bin_2214	654 × LTR108	SBI06, 143.34 ~ 146.65cM	qHD6c	Zou et al., 2012
Bin_2786	654 × LTR108	SBI08, 128 ~ 130.69cM	qHD8	Zou et al., 2012
qDH1	MS138B × 74LH3213	SBI01, 158.6cM	SB672	Takai et al., 2012
qDH6	MS138B × 74LH3213	SBI06, 2.3cM	SB23996	Takai et al., 2012
qDH10	MS138B × 74LH3213	SBI10, 56.2cM	SB5257	Takai et al., 2012
qFT1-1	Kikuchi Zairai × SC 112	SBI01, 112.0 ~ 120.3cM	SB105	El Mannai et al., 2012
qFT1-2	Kikuchi Zairai × SC 112	SBI01, 170.3 ~ 181.9cM	SB596	El Mannai et al., 2012
qFT2	Kikuchi Zairai × SC 112	SBI02, 60.2 ~ 81.0cM	SB1406	El Mannai et al., 2012
qFT3	Kikuchi Zairai × SC 112	SBI03, 101.7 ~ 123.1cM	SB1839	El Mannai et al., 2012
qFT5b	Kikuchi Zairai × SC 112	SBI05, 77.5 ~ 101.3cM	SB3117	El Mannai et al., 2012
qFT7	Kikuchi Zairai × SC 112	SBI07, 34.7 ~ 53cM	SB4017	El Mannai et al., 2012
qFT8	Kikuchi Zairai × SC 112	SBI08, 55.1 ~ 64.9cM	SB4292	El Mannai et al., 2012
qFT8b	Kikuchi Zairai × SC 112	SBI08, 112.7 ~ 141.6cM	SB4660	El Mannai et al., 2012
qFT10	Kikuchi Zairai × SC 112	SBI10, 135.3 ~ 155.4 cM	SB5596	El Mannai et al., 2012

（续表）

位点	杂交组合	基因位点	分子标记	参考文献
—	sorghum mini core collection	SBI01，71348266bp	chr1_71348266	Upadhyaya et al.，2013
—	sorghum mini core collection	SBI01，73244358bp	chr1_73244358	Upadhyaya et al.，2013
—	sorghum mini core collection	SBI02，69639719bp	chr2_69639719	Upadhyaya et al.，2013
—	sorghum mini core collection	SBI03，58977893bp	chr3_58977893	Upadhyaya et al.，2013
—	sorghum mini core collection	SBI03，59224809bp	chr3_59224809	Upadhyaya et al.，2013
—	sorghum mini core collection	SBI06，554248bp	chr6_554248	Upadhyaya et al.，2013
—	sorghum mini core collection	SBI06，44980895bp	chr6_44980895	Upadhyaya et al.，2013
—	sorghum mini core collection	SBI07，3591025bp	chr7_3591025	Upadhyaya et al.，2013

另外，Mace等（2011）对12个调控高粱抽穗期性状的QTL分析的研究结果进行了归纳和总结，共得到了至少在两个研究中都检测到的17个调控高粱抽穗期性状的QTL位点和9个只在单个研究中检测到的QTL位点。与此结果进行对比，可以将本研究检测到的标记归为以下几类：在3号染色体上检测到的标记sam20191与Shiringani等（2010）利用M71和SS79构建的分离群体检测到的标记txp285位置接近，这个位点在这12个研究结果中是单一的；在4号染色体上检测到的几个标记位置与12个研究结果在4号染色体上检测到的标记位置都不接近；在6号染色体上检测到的标记sam68460和SB03506与Lin等（1995）检测到的标记pSB580和Ritter等（2008）检测到的标记txp547以及Kebede等（2001）检测到的标记pSB521位置相近，Mace等（2011）将这些标记都归纳为QTL位点QDTFL_meta1.6，在6号染色体上检测到的另一个标记Xcup36与Feltus等（2006）检测到的标记pSB314位置相近，都属于QTL位点QDTFL_meta2.6；在9号染色体上检测到的标记sb5-206与Lin等（1995）和Feltus等（2006）都检测到的标记Psb416位置相近，都属于QTL位点QDTFL_meta2.9。因此，综合前人的研究成果和本研究结果可以得出，几乎高粱每条染色体上都有调控抽穗期性状的QTL位点被检测到，说明调控高粱抽穗期性状的基因很多并且等位基因也很丰富，并且影响不同杂交组合产生的后代的抽穗期性状的QTL位点各不相同，说明调控高粱抽穗期性状的基因之间互作方式多样。综上所述，尽量多地发掘调控高粱抽穗期性状的基因位点，了解基因功能及互作模式，对于勾画调控高粱抽穗期性状的庞大基因网络，厘清调控机理都是十分必要的。

参考文献

卞云龙，邓德祥，王益军，等，2007. 基于AFLP和SSR标记的高粱分子遗传连锁图构建[J]. 分子植物育种（5）：661-666.

段永红，孙毅，仪治本，等，2009. 高粱SSR 分子连锁图谱的构建[J]. 山西农业大学学报（自然科学版）（4）：315-319.

卢庆善，孙毅，2005. 杂交高粱遗传改良[M]. 北京：中国农业科学技术出版社.

王海莲，管延安，张华文，等，2009. 高粱基因组学研究进展[J]. 基因组学与应用生物学（3）：549-556.

徐吉臣，Weerasuriya Y，Bennetzen J，2001. 高粱（*Sorghum bicolor*）分子图谱的构建及寄生草（*Striga asiatica*）萌发诱导物基因的定位[J]. 遗传学报，28（9）：870-876.

赵姝华，李钥莹，邹剑秋，等，2005. 高粱分子遗传图谱的构建[J]. 杂粮作物（1）：11-13.

朱梦娇，2014. 高粱半扫帚性状的遗传分析与定位[D]. 北京：中国农业大学.

ADUGNA，A，2014. Analysis of in situ diversity and population structure in Ethiopian cultivated *Sorghum bicolor*（L.）landraces using phenotypic traits and SSR markers[J]. Springer Plus，3：212.

ALBA R，KELMENSON P，CORDONNIER-PRATT M，et al.，2000. The phytochrome gene family in tomato and the rapid differential evolution of this family in angiosperms[J]. Mol Biol Evol，17：362-373.

BEALL F，MORGAN P，MANDER L，et al.，1991. Genetic regulation of development in *Sorghum bicolor* V. The ma_3^R allele results in gibberellin enrichment[J]. Plant Physiol，95：116-125.

BERENJI J，DAHLBERG J，SIKORA V，et al，2011. Origin，history，morphology，production，improvement and utilization of broomcorn [*Sorghum bicolor*（L.）Moench] in Serbia[J]. Economic Botany，65：190-208.

BHATTRAMAKKI D，DONG J，CHHABRA A，et al.，2000. An integrated SSR and RFLP linkage map of *Sorghum bicolor*（L.）Moench[J]. Genome，43：988-1002.

BHOSALE S, STICH B, RATTUNDE H, et al., 2012. Association analysis of photoperiodic flowering time genes in west and central African sorghum [*Sorghum bicolor*（L.）Moench][J]. BMC Plant Biol, 12: 32.

BOUCHET S, POT D, DEU M, et al., 2012. Genetic structure, linkage disequilibrium and signature of selection in Sorghum: lessons from physically anchored DArT markers[J]. PLoS One, 7: e33470.

BRADBURY P, ZHANG Z, KROON D, et al., 2007. TASSEL: Software for association mapping of complex traits in diverse samples[J]. Bioinformatics, 23: 2633-2635.

BROWN S, HOPKINS M, MITCHELL S, et al., 1996. Multiple methods for the identification of polymorphic simple sequence repeats（SSRs）in sorghum [*Sorghum bicolor*（L.）Moench][J]. Theor Appl Genet, 93: 190-198.

CASA A, MITCHELL S, HAMBLIN M, et al., 2005. Diversity and selection in sorghum: simultaneous analyses using simple sequence repeats[J]. Theor Appl Genet, 111: 23-30.

CASA A, MITCHELL S, JENSEN J, et al., 2006. Evidence for a selective sweep on chromosome 1 of cultivated sorghum[J]. Crop Sci, 46: S27-S40.

CHANTEREAU J, TROUCHE G, RAMI J, et al., 2001. RFLP mapping of QTLs for photoperiod response in tropical sorghum[J]. Euphytica, 120: 183-194.

CHILDS K, CORDONNIER-PRATT M, PRATT L, et al., 1992. Genetic regulation of development in *Sorghum bicolor*. VII. ma_3^R flowering mutant lacks a phytochrome that predominates in green tissue[J]. Plant Physiol, 99: 765-770.

CHILDS K, LU J, MULLET J, et al., 1995. Genetic regulation of development in *Sorghum bicolor*（X. Greatly attenuated photoperiod sensitivity in a phytochrome-deficient sorghum possessing a biological clock but lacking a red light-high irradiance response）[J]. Plant Physiol, 108: 345-351.

CHILDS K, MILLER F, CORDONNIER-PRATT M, et al., 1997. The

sorghum photoperiod sensitivity gene, Ma_3, encodes a phytochrome B[J]. Plant Physiol, 113: 611-619.

CHILDS K, PRATT L, MORGAN P, 1991. Genetic regulation of development in *Sorghum bicolor* VI. The ma_3^R allele results in abnormal phytochrome physiology[J]. Plant Physiol, 97: 714-719.

CONDIT R, HUBBELL S, 1991. Abundance and DNA sequence of two-base repeat regions in tropical tree genomes[J]. Genome, 34: 66-71.

CRASTA O, XU W, ROSENOW D, et al., 1999. Mapping of post-flowering drought resistance traits in grain sorghum: association between QTLs influencing premature senescence and maturity[J]. Mol Gen Genet, 262: 579-588.

DEFELICE M, 2006. Shattercane, *Sorghum bicolor* (L.) Moench ssp. *drummondii* (Nees ex Steud.) de Wet ex Davidse-Black sheep of the family[J]. Weed Technol, 20: 1076-1083.

DEU M, RATTUNDE F, CHANTEREAU J, 2006. A global view of genetic diversity in cultivated sorghums using a core collection[J]. Genome, 49: 168-180.

DOGGETT H, 1988. Sorghum[J]. London: Longman Scientific & Technical.

EL MANNAI Y, SHEHZAD T, OKUNO K, 2012. Mapping of QTLs underlying flowering time in sorghum [*Sorghum bicolor* (L.) Moench][J]. Breed Sci, 62: 151-159.

FELTUS F, HART G, SCHERTZ K, et al., 2006. Alignment of genetic maps and QTLs between inter- and intra-specific sorghum populations[J]. Theor Appl Genet, 112: 1295-1305.

FOLKERTSMA R, RATTUNDE H, CHANDRA S, et al., 2005. The pattern of genetic diversity of Guinea-race *Sorghum bicolor* (L.) Moench landraces as revealed with SSR markers[J]. Theor Appl Genet, 111: 399-409.

FOSTER K, MILLER F, CHILDS K, et al., 1994. Genetic regulation of development in *Sorghum bicolor* VIII. Shoot growth, tillering, flowering, gibberellin biosynthesis, and phytochrome levels are differentially affected by dosage of the ma_3^R allele[J]. Plant Physiol, 105: 941-948.

HAMBLIN M, CASA A, SUN H, et al., 2006. Challenges of detecting directional selection after a bottleneck: lessons from *Sorghum bicolor*[J]. Genetics, 173: 953-964.

HAMBLIN M, MITCHELL S, WHITE G, et al., 2004. Comparative population genetics of the panicoid grasses: sequence polymorphism, linkage disequilibrium and selection in a diverse sample of *Sorghum bicolor*[J]. Genetics, 167: 471-483.

HARLAN J, DE WET J, 1972. A simplified classification of cultivated sorghum[J]. Crop Sci, 12: 172-176.

HART G, SCHERTZ K, PENG Y, et al., 2001. Genetic mapping of *Sorghum bicolor*（L.）Moench QTLs that control variation in tillering and other morphological characters[J]. Theor Appl Genet, 103: 1232-1242.

HUANG X, WEI X, SANG T, et al., 2010. Genome-wide association studies of 14 agronomic traits in rice landraces[J]. Nat Genet, 42: 961-967.

HUANG X, ZHAO Y, WEI X, et al., 2012. Genome-wide association study of flowering time and grain yield traits in a worldwide collection of rice germplasm[J]. Nat Genet, 44: 32-39.

HULBERT S, RICHTE T, AXTELL J, et al., 1990. Genetic mapping and characterization of sorghum and related crops by means of maize DNA probes[J]. Proc Natl Acad Sci USA, 87: 4251-4255.

JIANG S, MA Z, VANITHA J, et al., 2013. Genetic variation and expression diversity between grain and sweet sorghum lines[J]. BMC Genomics, 14: 18.

KALENDAR R, LEE D, SCHULMAN A, 2009. FastPCR, software for PCR primer and probe design and repeat search[J]. Genes, Genomes and Genomics, 3: 1-14.

KAPLAN N, HUDSON R, LANGLEY C, 1989. The hitchhiking effect revisited[J]. Genetics, 123: 887-899.

KEBEDE H, SUBADHI P, ROSENOW D, et al., 2001. Quantitative trait loci influencing drought tolerance in grain sorghum (*Sorghum bicolour* L. Moench) [J]. Theor Appl Genet, 103: 266-276.

KIM J, 2003. Genomic analysis of sorghum by fluorescence in situ hybridisation[D]. Texax: Texas A&M University.

KLEIN R, MULLET J, JORDAN D, et al., 2008. The effect of tropical sorghum conversion and inbred development on genome diversity as revealed by high-resolution genotyping[J]. Crop Sci, 48: S12-S26.

KONG L, DONG J, HART G, 2000. Characteristics, linkage-map positions, and allelic differentiation of Sorghum bicolour (L.) Moench DNA simple-sequence repeats (SSRs) [J]. TheorAppl Genet, 101: 438-448.

KONISHI S, IZAWA T, LIN S, et al., 2006. An SNP caused loss of seed shattering during rice domestication[J]. Science, 312: 1392-1396.

KUMP K, BRADBURY P, WISSER R, et al., 2011. Genome-wide association study of quantitative resistance to southern leaf blight in the maize nested association mapping population[J]. Nat Genet, 43: 163-168.

LI M, YUYAMA N, LUO L, et al., 2009. In silico mapping of 1758 new SSR markers developed from public genomic sequences for sorghum[J]. Mol Breed, 24: 41-47.

LIN Y, SCHERTZ K, PATERSON A, 1995. Comparative analysis of QTLs affecting plant height and maturity across the Poaceae, in reference to an interspecific sorghum population[J]. Genetics, 141: 391-411.

LIN Z, LI X, SHANNON L, et al., 2012. Parallel domestication of the Shattering1 genes in cereals[J]. Nat Genet, 44: 720-724.

MACE E, JORDAN D, 2011. Integrating sorghum whole genome sequence information with a compendium of sorghum QTL studies reveals uneven distribution of QTL and of gene-rich regions with significant implications for crop improvement[J]. Theor Appl Genet, 123: 169-191.

MACE E, TAI S, GILDING E, et al., 2013. Whole-genome sequencing reveals untapped genetic potential in Africa's indigenous cereal crop sorghum[J]. Nature Commun, 4: 2320.

MANLY K, CUDMORE R, MEER J, 2001. Map Manager QTX, cross-platform software for geneticMapping[J] Mamm Genome, 2: 930-932.

MENZ M, KLEIN R, MULLET J, et al., 2002. A high-density genetic map of *Sorghum bicolor* (L.) Moench based on 2926 AFLP, RFLP and SSR markers[J]. Plant Mol Biol, 48: 483-499.

MONTE E, ALONSO J, ECKER J, et al., 2003. Isolation and characterization of phyC mutants in Arabidopsis reveals complex crosstalk between phytochrome signaling pathways[J]. Plant Cell, 15: 1962-1980.

MORRIS G, RAMU P, DESHPANDE S, et al., 2013. Population genomic and genome-wide association studies of agroclimatic traits in sorghum[J]. Proc Natl Acad Sci USA, 110: 453-458.

MULLET J, ROONEY W, 2013. Method for production of sorghum hybrids with selected flowering times[P]. US Patent App. 13/886, 130.

MULLET J, ROONEY W, KLEIN P, et al., 2012. Discovery and utilization of sorghum genes (MA_5/MA_6) [P]. US Patent 8309793.

MURPHY R, KLEIN R, MORISHIGE D, et al., 2011. Coincident light and clock regulation of pseudoresponse regulator protein 37 (PRR37) controls photoperiodic flowering in sorghum[J]. Proc Natl Acad Sci USA, 108: 16469-16474.

MUTEGI E, SAGNARD F, SEMAGN K, et al., 2011. Genetic structure and relationships within and between cultivated and wild sorghum [*Sorghum bicolor* (L.) Moench] in Kenya as revealed by microsatellite markers[J]. Theor Appl Gene, 122: 989-1004.

NAGATANI A, REED J, CHORY J, 1993. Isolation and initial characterization of Arabidopsis mutants that are deficient in phytochrome A[J]. Plant Physiol, 102: 269-277.

NELSON J, WANG S, WU Y, et al., 2011. Single-nucleotide polymorphism

84

discovery by high-throughput sequencing in sorghum[J]. BMC Genomics, 12: 352.

PAO C, MORGAN P, 1986. Genetic regulation of development in Sorghum bicolor. I. Role of the maturity genes[J]. Plant Physiol, 82: 575−580.

PATERSON A, BOWERS J, BRUGGMANN R, et al., 2009. The sorghum bicolor genome and the diversification of grasses[J]. Nature, 457: 551−556.

PATERSON A, SCHERTZ K, LIN Y, et al., 1995. The weediness of wild plants: molecular analysis of genes influencing dispersal and persistence of johnsongrass, *Sorghum halepense* (L.) Pers[J]. Proc Natl Acad Sci USA 92: 6127−6131.

PETERSON D, SCHULZE S, SCIARA E, et al., 2002. Integration of cot analysis, DNA cloning, and high-throughput sequencing facflitates genome characterization and gene discovery[J]. Genome Res, 12: 795−807.

POLAND J, BRADBURY P, BUCKLER E, et al., 2011. Genome-wide nested association mapping of quantitative resistance to northern leaf blight in maize[J]. Proc Nat Acad Sci USA, 108: 6893−6898.

QUINBY J, 1966. Fourth maturity gene locus in sorghum[J]. Crop Sci, 6: 516−518.

QUINBY J, 1967. The maturity genes of sorghum[J]. Adv Agronomy, 19: 267−305.

QUINBY J, 1974. Sorghum improvement and the genetics of growth[M]. Texas: Texas A&M University Press.

QUINBY J, KARPER R, 1945. Inheritance of three genes that influence time of floral initiation and maturity date in milo[J]. Agron J, 37: 916−936.

RAMU P, BILLOT C, RAMI J, et al., 2013. Assessment of genetic diversity in the sorghum reference set using EST-SSR markers[J]. Theor Appl Genet, 126: 2051−2064.

RAMU P, DESHPANDE S, SENTHILVEL S, et al., 2010. In silico mapping of important genes and markers available in the public domain for efficient sorghum breeding[J]. Mol Breed, 26: 409-418.

RAMU P, KASSAHUN B, SENTHILVEL S, et al., 2009. Exploiting rice-sorghum synteny for targeted development of EST-SSRs to enrich the sorghum genetic linkage map[J]. Theor Appl Genet, 119: 1193-1204.

REED J, NAGATANI A, ELICH T, et al., 1994. Phytochrome A and phytochrome B have overlapping but distinct functions in Arabidopsis development[J]. Plant Physiol, 104: 1139-1149.

RITTER K, JORDAN D, CHAPMAN S, et al., 2008. Identification of QTL for sugar-related traits in a sweet × grain sorghum (*Sorghum bicolor* L. Moench) recombinant inbred population[J]. Mol Breed, 22: 367-384.

ROGERS O, BENDICH A, 1988. Extraction of DNA from plant tissue[J]. Plant Mol Biol Manual, A6: 1-10.

ROONEY W, AYDIN S, 1999. Genetic control of a photoperiod-sensitive response in *Sorghum bicolor* (L.) Moench[J]. Crop Sci, 39: 397-400.

ROZAS J, ROZAS R, 1995. DnaSP, DNA sequence polymorphism: an interactive program for estimating population genetics parameters from DNA sequence data[J]. Comput Appl Biosci, 11: 621-625.

SCHLOSS S, MITCHELL S, WHITE G, et al., 2002. Characterization of RFLP clone sequences for gene discovery and SSR development in *Sorghum bicolor* (L.) Moench[J]. Theor Appl Genet, 105: 912-920.

SHEHZAD T, OKUIZUMI H, KAWASE M, et al., 2009. Development of SSR-based sorghum (*Sorghum bicolor* (L.) Moench) diversity research set of germplasm and its evaluation by morphological traits[J]. Genet Resour Crop Evol, 56: 809-827.

SHIRINGANI A, FRISCH M, FRIEDT W, 2010. Genetic mapping of QTLs for sugar-related traits in a RIL population of *Sorghum bicolor* L. Moench[J]. Theor Appl Genet, 121: 323-336.

SMITH C, FREDERIKSEN R, 2000. Sorghum: Origin, History, Technology, and Production[M]. Eds Smith CW, Frederikson RA, John

Wiley & Sons, New York: 191-223.

SMITH J, HAIGH J, 1974. The hitch-hiking effect of a favourable gene[J]. Genet Res, 23: 23-35.

SRINIVAS G, SATISH K, MADHUSUDHANA R, et al., 2009. Identification of quantitative trait loci for agronomically important traits and their association with genic-microsatellite markers in sorghum[J]. Theor Appl Genet, 118: 1439-1454.

SRINIVAS G, SATISH K, MADHUSUDHANA R, et al., 2009. Exploration and mapping of microsatellite markers from subtracted drought stress ESTs in *Sorghum bicolor* (L.) Moench[J]. Theor Appl Genet, 118: 703-717.

SRINIVAS G, SATISH K, MURALI MOHAN S, et al., 2008. Development of genic-microsatellite markers for sorghum staygreen QTL using a comparative genomic approach with rice[J]. Theor Appl Genet, 117: 283-296.

STEMLER A, HARLAN J, DE WET J, 1975. Caudatum sorghums and speakers of Chari-Nile languages in Africa[J]. J Afr Hist, 16: 161-183.

TAKAI T, YONEMARU J, KAIDAI H, et al., 2012. Quantitative trait locus analysis for days-to-heading and morphological traits in an RIL population derived from an extremely late flowering F_1 hybrid of sorghum[J]. Euphytica, 187: 411-420.

TAMURA K, PETERSON D, PETERSON N, et al., 2011. MEGA5: Molecular evolutionary genetics analysis using maximum likelihood, evolutionary distance, and maximum parsimony methods[J]. Mol Biol Evol, 28: 2731-2739.

TARAMINO G, TARCHINI R, FERRARIO S, et al., 1997. Characterization and mapping of simple sequence repeats (SSRs) in *Sorghum bicolor*[J]. Theor Appl Genet, 95: 66-72.

THOMPSON J, HIGGINS D, GIBSON T, 1994. CLUSTAL W: improving the sensitivity of progressive multiple sequence alignment through sequence weighting, position-specific gap penalties and weight matrix choice[J]. Nucleic Acids Res, 22: 4673-4680.

TIAN F, BRADBURY P, BROWN P, et al., 2011. Genome-wide association study of leaf architecture in the maize nested association mapping population[J]. Nat Genet, 43: 159-162.

UPADHYAYA H, WANG Y, SHARMA S, et al., 2012. Association mapping of height and maturity across five environments using the sorghum mini core collection[J]. Genome, 55: 471-479.

VORRIPS R, 2002. MapChart: software for the graphical presentation of linkage maps and QTLs[J]. J Heredity, 93: 77-78.

WANG Y, UPADHYAYA H, BURRELL A, et al., 2013. Genetic structure and linkage disequilibrium in a diverse, representative collection of the C₄ model plant, *Sorghum bicolor*[J]. G3 (Bethesda) 3: 783-793.

WENDORF F, et al., 1992. Saharan exploitation of plants 8, 000 years B. P[J]. Nature, 359: 721-724.

WHITE G, HAMBLIN M, KRESOVICH S, 2004. Molecular evolution of the phytochrome gene family in sorghum: changing rates of synonymous and replacement evolution[J]. Mol Biol Evol, 21: 716-723.

YANG Z, NIELSEN R, 2002. Codon-substitution models for detecting molecular adaptation at individual sites along specific lineages[J]. Mol Biol Evol, 19: 908-917.

YANG S, MURPHY R, MORISHIGE D, et al., 2014. Sorghum phytochrome B inhibits flowering in long days by activating expression of *SbPRR37* and *SbGHD7*, repressors of *SbEHD1*, *SbCN8* and *SbCN12*[J]. PLoS One, 9: e105352.

YANG S, WEERS B, MORISHIGE D, et al., 2014. CONSTANS is a photoperiod regulated activator of flowering in sorghum[J]. BMC Plant Biol, 14: 148.

YONEMARU J, ANDO T, MIZUBAYASHI T, et al., 2009. Development of genome-wide simple sequence repeat markers using whole-genome shotgun sequences of sorghum [*Sorghum bicolor* (L.) Moench][J]. DNA

Res，16：187-193.

ZHENG L，GUO X，HE B，et al.，2011. Genome-wide patterns of genetic variation in sweet and grain sorghum（*Sorghum bicolor*）[J]. Genome Biol，12：R114.

ZHU Z，TAN L，FU Y，et al.，2013. Genetic control of inflorescence architecture during rice domestication[J]. Nat Commun，4：2200.

ZOU G，ZHAI G，FENG Q，et al.，2012. Identification of QTLs for eight agronomically important traits using an ultra-high-density map based on SNPs generated from high-throughput sequencing in sorghum under contrasting photoperiods[J]. J Exp Bot，63：5451-5462.

附　　录

附表1　所有高粱材料的信息

名称	族群	登记号	起源	用途	分布纬度	在北京的抽穗期	在海南的抽穗期	用于Ma_3测序	用于Ma_3选择性清除分析	用于Ma_1测序	用于Ma_1选择性清除分析	系统进化树上的名称	备注
JAPANESE DWARF BROOMCORN	Caudatum-bicolor	PI 30204	United States, Kansas	常用	37~40N	82	54	Y	Y			b2	
MN2833	Bicolor	PI 170794	Turkey	常用	40N	72	69	Y	Y			b15	
MN2838	Bicolor	PI 170799	Turkey	常用	40N	70	63	Y	Y			b19	
MN2839	Bicolor	PI 170800	Turkey	常用	40N	69	69	Y	Y			b20	
IS12807	Bicolor	PI 170802	Turkey	常用	40N	62	55	Y	Y			b21	
IS12808	Bicolor	PI 170803	Turkey	常用	40N			Y	Y			b22	
IS12811	Bicolor	PI 170806	Turkey	常用	40N	69	60	Y	Y			b23	
MN2847	Bicolor	PI 171856	Turkey, Tokat	常用	40N	78	67	Y	Y			b24	
7392	Bicolor	PI 173112	Turkey, Artvin	常用	40N	63	63	Y	Y			b25	
7780	Bicolor	PI 173116	Turkey	常用	40N	69	62	Y	Y			b27	
8493	Bicolor	PI 173120	Turkey	常用	40N	70	68	Y	Y			b28	
MN2871	Bicolor	PI 175920	Turkey	常用	40N	70		Y	Y			b31	
MN2873	Bicolor	PI 176766	Turkey	常用	40N			Y	Y			b32	在第4个外显子处提前终止

（续表）

名称	族群	登记号	起源	用途	分布纬度	在北京的抽穗期	在海南的抽穗期	用于 Ma_3 测序	用于 Ma_3 选择性清除分析	用于 Ma_1 测序	用于 Ma_1 选择性清除分析	系统进化树上的名称	备注
MN2874	Bicolor	PI 176767	Turkey	常用	40N	67	62	Y	Y			b33	
IS12858	Bicolor	PI 179051	Turkey, Canakkale	常用	40N	64	53	Y	Y			b39	
MN3092	Bicolor	PI 196595	Taiwan	常用	22~25N	66	66	Y	Y			b45	
FRUHE ROTE	Bicolor	PI 209792	Germany	常用	47~55N	64	53	Y	Y			b50	
311	Caudatum-bicolor	PI 217898	Indonisia	常用	12S~7N			Y	Y			b53	
IS2374	Bicolor	PI 223414	Iran	常用	25~40N	81	58	Y	Y			b54	
MN4135	Caudatum	PI 251672	Yugoslavia	常用	44~50N	86	58	Y	Y			b61	在第4个外显子处提前终止
DL/59/1543	Kafir	PI 267334	India	常用	8~36N	83	53	Y	Y			b63	在第4个外显子处提前终止
282	—	PI 291382	China	常用	3~53N	49	35	Y	Y			b67	
Yangyang LOCAL	Bicolor	PI 567804	Korea, South	常用	34~38N	55	55	Y	Y			b102	
Hwachon LOCAL	Bicolor	PI 567806	Korea, South	常用	34~38N	72	53	Y	Y			b104	
Kosong local	Bicolor	PI 567807	Korea, South	常用	34~38N	70	53	Y	Y			b105	

（续表）

名称	族群	登记号	起源	用途	分布纬度	在北京的抽穗期	在海南的抽穗期	用于 Ma_3 测序	用于 Ma_3 选择性清除分析	用于 Ma_1 测序	用于 Ma_1 选择性清除分析	系统进化树上的名称	备注
DA PEI TOU (WU TAI)	Bicolor	PI 567928	China, Beijing	帚用	39N	63	52	Y	Y			b108	在第3个外显子处提前终止
SU2850	Bicolor	PI 568476	Sudan	帚用	15N	87	66	Y	Y			b113	
IS22528	Caudatum	PI 569971	Sudan	帚用	15N			Y	Y			b115	
1184	Bicolor	—	Japan	帚用	30~45N	72	53	Y	Y	Y		b184	
Shangzhuang broom	Bicolor	—	China, Beijing	帚用	39N	72	62	Y	Y	Y	Y	bsz	
Anhui broom	Bicolor	—	China, Anhui	帚用	29~35N			Y	Y	Y	Y	bal	
MN2857	Bicolor	PI 173121	Turkey	帚用	40N	69	68	Y				b29	
IS12849	Bicolor	PI 177547	Turkey	帚用	40N	62	54	Y				b35	
MN2901	Bicolor	PI 179052	Turkey, Kocaeli	帚用	40N	62	45	Y				b41	
MN2937	Bicolor	PI 181898	Syria	帚用	32~37N	62	52	Y				b43	
905	Bicolor	PI 206750	Turkey, Eskisehir	帚用	40N		67	Y				b48	
B158	—	—	China	帚用		87	69	Y				b158	

（续表）

名称	族群	登记号	起源	用途	分布纬度	在北京的抽穗期	在海南的抽穗期	用于Ma₃测序	用于Ma₃选择性清除分析	用于Ma₁测序	用于Ma₁选择性清除分析	系统进化树上的名称	备注
Black Spanish Standard	—	PI 642998	USA	帚用						Y	Y	b225	
Japanese Dwarf Standard	Caudatum-bicolor	—	USA	帚用						Y	Y	b226	
Acme Broomcorn	—	PI 656014	USA	帚用				Y		Y	Y	b227	
10085	—	PI 196890	Ethiopia	饲用	5~28N	89	61	Y	Y			d152	
A 6155	—	PI 302173	Sudan	饲用	15N	90	55	Y	Y			d163	
A-6129	—	PI 302221	Former Soviet Union	饲用	41~82N	52	67	Y	Y	Y	Y	d164	
Giza 2	—	PI 343164	Egypt, Cairo	饲用	30N	64	60	Y	Y			d170	
94531	—	PI 550880	Italy	饲用	41~48N			Y	Y			d211	
SD12	—	PI 302173	Sudan	饲用		90	55	Y	Y	Y	Y	ds12	
Hiro-1	—		Japan	饲用		54	62	Y	Y	Y	Y	dhir	
S235	—	PI 595221	United States	饲用	37~40N	91	62	Y	Y	Y	Y	d212	
MN2071	Guinea-caudatum	PI 155840	Malawi	粒用	31N			Y	Y			g5	

（续表）

名称	族群	登记号	起源	用途	分布纬度	在北京的抽穗期	在海南的抽穗期	用于Ma_3测序	用于Ma_3选择性清除分析	用于Ma_1测序	用于Ma_1选择性清除分析	系统进化树上的名称	备注
MN2977	Bicolor	PI 194354	Ethiopia	粒用	5～15N				Y			g44	
KECSKEMETI	Bicolor	PI 232938	Hungray	粒用	47N	79	53	Y	Y			g56	
SA2313	Caudatum-bicolor	PI 276795	Ethiopia	粒用	5～15N				Y			g65	
ETS 2373-B	Bicolor	PI 453252	Ethiopia	粒用	5～16N	88	58	Y	Y			g69	
ETS 2373-B	Bicolor	PI 453253	Ethiopia	粒用	5～17N			Y	Y			g70	
ETS2587	Mixed	PI 453648	Ethiopia	粒用	5～18N	64	52	Y	Y			g71	
ETS2638	Bicolor	PI 453748	Ethiopia	粒用	5～19N	70	53	Y	Y			g72	
ETS2643	Caudatum-bicolor	PI 453755	Ethiopia	粒用	5～20N			Y	Y			g73	
ETS2667	Caudatum	PI 453805	Ethiopia	粒用	5～21N			Y	Y			g74	
ETS 3127-A	Bicolor	PI 454575	Ethiopia	粒用	5～23N	80	61	Y	Y			g78	在第4个外显子处提前终止
ETS3130	Bicolor	PI 454581	Ethiopia	粒用	5～24N			Y	Y			g79	
ETS3450	Bicolor	PI 455209	Ethiopia	粒用	5～25N	70	59	Y	Y			g80	
ETS 3784-A	Bicolor	PI 455768	Ethiopia	粒用	5～26N	73	61	Y	Y			g83	

（续表）

名称	族群	登记号	起源	用途	分布纬度	在北京的抽穗期	在海南的抽穗期	用于Ma_3测序	用于Ma_3选择性清除分析	用于Ma_1测序	用于Ma_1选择性清除分析	系统进化树上的名称	备注
ETS4678	Caudatum-bicolor	PI 457448	Ethiopia	粒用	5~27N			Y	Y			g84	
ETS4678	Caudatum-bicolor	PI 457449	Ethiopia	粒用	5~28N			Y	Y			g85	
ETS 4679-A	Caudatum-bicolor	PI 457451	Ethiopia	粒用	5~29N			Y	Y			g86	
ETS 4679-B	Caudatum-bicolor	PI 457452	Ethiopia	粒用	5~30N			Y	Y			g87	
MN 3152	Bicolor	PI 562147	Argentina	粒用	22~54S	72	62	Y	Y			g88	
MN 3153	Bicolor	PI 562148	Portugal	粒用	37~41N	66	62	Y	Y			g89	
HANTSAN GIWA	Guinea-caudatum	PI 563007	Nigeria	粒用	9N			Y	Y			g91	
JING HUI ER HAO	Guinea-bicolor	PI 563847	China, Beijing	粒用	39N			Y	Y			g96	
MAI CAO ZI	Bicolor	PI 563849	China, Beijing	粒用	39N	66	57	Y	Y			g97	
PING LUO WA WA TOU	Bicolor	PI 563850	China, Beijing	粒用	39N	63	53	Y	Y			g98	

（续表）

名称	族群	登记号	起源	用途	分布纬度	在北京的抽穗期	在海南的抽穗期	用于Ma_3测序	用于Ma_3选择性清除分析	用于Ma_1测序	用于Ma_1选择性清除分析	系统进化树上的名称	备注
XIAN MI GAO LIANG	Bicolor	PI 563855	China, Beijing	粒用	39N	73	58	Y	Y			g99	
Cholwon LOCAL	Bicolor	PI 567801	Korea, South	粒用	34~38N	73	57	Y	Y			g101	
Unknown local	Bicolor	PI 567808	Korea, South	粒用	34~38N	66	53	Y	Y			g106	
NIU SHENG ZUI	Bicolor	PI 568016	China, Shanxi	粒用	34N	69	53	Y	Y			g109	
DA LUO CHUI	Bicolor	PI 568031	China, Shanxi	粒用	34N	64	53	Y	Y			g110	
HONG E ER HUANG	Bicolor	PI 568040	China, Shanxi	粒用	34N			Y	Y			g111	
ZU GAN QING	Bicolor	PI 568049	China, Shanxi	粒用	34N	91	66	Y	Y			g112	
IS19189	Caudatum	PI 569212	Sudan	粒用	15N	200	53	Y	Y			g114	
TIMIKALA	Guinea-bicolor	PI 608901	Mali	粒用	12~18N	68	45	Y	Y			g117	
DAY MILO	Durra	PI 571106	Sudan	粒用	15N	68	53	Y	Y			g119	
DAY MILO	—	PI 641874	—	粒用		87	64	Y	Y			g121	
TEXAS MILO	—	PI 641875	—	粒用		85	59	Y	Y			g122	
EARLY WHITE MILO	—	PI 641876	—	粒用				Y	Y			g123	

（续表）

名称	族群	登记号	起源	用途	分布纬度	在北京的抽穗期	在海南的抽穗期	用于Ma_3测序	用于Ma_3选择性清除分析	用于Ma_1测序	用于Ma_1选择性清除分析	系统进化树上的名称	备注
EARLY WHITE MILO	—	PI 641877	—	粒用		83	62	Y	Y			g124	
SOONER MILO	—	PI 651095	—	粒用		66		Y	Y			g127	
Extra Dwarf	—	PI 18684	—	粒用		67	45	Y	Y			g129	
DWARF YELLOW MILO	—	PI 24969	China	粒用	39N		52	Y	Y			g131	
Dwarf White Milo	—	PI 154992	USA	粒用	37~40N			Y	Y			g133	
Milo	Caudatum	PI 221719	South Africa, Transvaal	粒用	22~35S	91	45	Y	Y			g134	
MARTIN MILO	Kafir	PI 571062	Sudan	粒用	15N	66		Y	Y			g142	
A. S. 263	—	PI 201447	India, Tamil Nadu	粒用	8N			Y	Y			g153	
IS 14131	—	PI 302236	Portugal	粒用	37~41N	70	69	Y	Y			g166	
R-244	—	PI 330272	Ethiopia	粒用	5~28N			Y	Y			g169	
035A	Mixed	PI 521331	Kenya	粒用	4S~5N			Y	Y			g171	
Ekhumba	Caudatum	PI 521332	Kenya	粒用	4S~5N			Y	Y			g172	

（续表）

名称	族群	登记号	起源	用途	分布纬度	在北京的抽穗期	在海南的抽穗期	用于Ma_3测序	用于Ma_3选择性清除分析	用于Ma_1测序	用于Ma_1选择性清除分析	系统进化树上的名称	备注
Ekhumba-1	Caudatum	PI 521332	Kenya	粒用	4S ~ 5N			Y	Y			g173	
Ogolo	Mixed	PI 521334	Kenya	粒用	4S ~ 5N			Y	Y			g176	
Ogolo	—	PI 521335	Kenya	粒用	4S ~ 5N			Y	Y			g177	
Ogolo	—	PI 521336	Kenya	粒用	4S ~ 5N			Y	Y			g178	
Ogolo	—	PI 521339	Kenya	粒用	4S ~ 5N			Y	Y			g181	
Ogolo-1	Bicolor	PI 521340	Kenya	粒用	4S ~ 5N			Y	Y			g183	
Ogolo	—	PI 521341	Kenya	粒用	4S ~ 5N			Y	Y			g184	
Ogolo	—	PI 521343	Kenya	粒用	4S ~ 5N			Y	Y			g185	
Ochuti	Caudatum	PI 521344	Kenya	粒用	4S ~ 5N			Y	Y			g186	
IS 12687	—	PI 302105	Ethiopia	粒用	5 ~ 28N			Y	Y			g187	
No. 902	(Shattercane)	PI 534145	Rhodesia	粒用	15S	64		Y	Y			g189	
FAO 54947		PI 562183	Sudan	粒用	15N			Y	Y			g190	
IS 6556	Guinea-durra	PI 562895	—	粒用		69	53	Y	Y			g191	
IS 8799	Bicolor	PI 563146	Sudan	粒用	15N	72	62	Y	Y			g192	

（续表）

名称	族群	登记号	起源	用途	分布纬度	在北京的抽穗期	在海南的抽穗期	用于Ma_3测序	用于Ma_3选择性清除分析	用于Ma_1测序	用于Ma_1选择性清除分析	系统进化树上的名称	备注
IS 9477	Kafir-durra	PI 563278	South Africa, Limpopo	粒用	33S	91		Y	Y			g193	
IS 10988	—	PI 563466	USA	粒用	37～40N			Y	Y			g195	
IS 10989	—	PI 563467	USA	粒用	37～40N			Y	Y			g196	
IS 10995	—	PI 563469	USA	粒用	37～40N			Y	Y			g197	
Andiwo	Caudatum	PI 521345	Kenya	粒用	4S～15N			Y	Y			g198	
Andiwo	Caudatum	PI 521346	Kenya	粒用	4S～15N			Y	Y			g199	
Andiwo	Caudatum	PI 521347	Kenya	粒用	4S～15N			Y	Y			g200	
Andiwo	Caudatum	PI 521348	Kenya	粒用	4S～15N			Y	Y			g201	
Andiwo	Caudatum	PI 521349	Kenya	粒用	4S～15N			Y	Y			g202	
Ogolo	—	PI 521352	Kenya	粒用	4S～15N			Y	Y			g204	
Ogolo	Caudatum	PI 521353	Kenya	粒用	4S～15N	200		Y	Y			g205	
Ogolo	Guinea	PI 521354	Kenya	粒用	4S～15N			Y	Y			g206	
357	—	PI 521356	Kenya	粒用	4S～15N			Y	Y			g208	
Witiki	—	PI 521357	Kenya	粒用	4S～15N			Y	Y			g209	

（续表）

名称	族群	登记号	起源	用途	分布纬度	在北京的抽穗期	在海南的抽穗期	用于 Ma_3 测序	用于 Ma_3 选择性清除分析	用于 Ma_1 测序	用于 Ma_1 选择性清除分析	系统进化树上的名称	备注
IS 10997	—	PI 563471	USA	粒用	37~40N			Y	Y			g215	
IS 11000	—	PI 563473	USA	粒用	37~40N	200		Y	Y			g217	
IS 11001	—	PI 563474	USA	粒用	37~40N	72	35	Y	Y			g218	
IS 11002	—	PI 563475	USA	粒用	37~40N			Y	Y			g219	
IS 22358	(Shattercane)	PI 569804	Sudan	粒用	15N			Y	Y			g224	
IS 22373	(Shattercane)	PI 569819	Sudan	粒用	15N	89	48	Y	Y			g226	
IS 22388	(Shattercane)	PI 569834	Sudan	粒用	15N			Y	Y			g227	在第4个外显子处提前终止
IS 22401	(Shattercane)	PI 569847	Sudan	粒用	15N	89	35	Y	Y			g228	
IS 22402	(Shattercane)	PI 569848	Sudan	粒用	15N			Y	Y			g229	
ACCA KODRI	Durra	PI 570853	Sudan	粒用	15N	91		Y	Y			g233	
IS 14473	(Shattercane)	PI 570919	Sudan	粒用	15N			Y	Y			g235	
ZANABLL FARAS	Durra	PI 571008	Sudan	粒用	15N			Y	Y			g236	
94USE9350	Guinea-caudatum	PI 584089	Uganda	粒用	1N	200	54	Y	Y			g241	

（续表）

名称	族群	登记号	起源	用途	分布纬度	在北京的抽穗期	在海南的抽穗期	用于Ma_3测序	用于Ma_3选择性清除分析	用于Ma_1测序	用于Ma_1选择性清除分析	系统进化树上的名称	备注
IS 24955	(Shattercane)	PI 585443	Zambia	粒用	48N			Y	Y			g242	
NYIRARUMOGO	Caudatum	PI 585584	Rwanda	粒用	1S			Y	Y			g243	在第3个外显子处提前终止
MN 1326	—	PI 154769	Uganda	粒用	1N	200		Y	Y			g249	
IS 6834	Guinea	PI 563510	Burkina Faso	粒用	11N			Y	Y			g285	
IS 12431	Caudatum	PI 563512	Sudan	粒用	15N	92		Y	Y			g286	
Kaliyoys	(Shattercane)	PI 155675	Malawi	粒用	31N			Y	Y			g290	
MN 2015	Bicolor	PI 156179	Malawi	粒用	31N			Y	Y			g292	
MN 2119	Bicolor	PI 156229	Malawi	粒用	31N			Y	Y			g293	
SA 2315	Guinea-caudatum	PI 276797	Ethiopia	粒用	5 ~ 24N	70	54	Y	Y			g296	
MS138B	—	—	Japan	粒用				Y	Y			gms	
N32B	—	—	USA	粒用		73	54	Y	Y	Y	Y	gb3	
Early Hegari	—	—	USA	粒用		60	35	Y	Y	Y	Y	gb4	
CK60B	—	—	USA	粒用		71	58	Y	Y	Y	Y	gb1	

（续表）

名称	族群	登记号	起源	用途	分布纬度	在北京的抽穗期	在海南的抽穗期	用于Ma_3测序	用于Ma_3选择性清除分析	用于Ma_1测序	用于Ma_1选择性清除分析	系统进化树上的名称	备注
JN290	—	—	Japan	粒用		90	57	Y	Y	Y	Y	gjn	
38M	—	—	USA	粒用		46	35	Y	Y	Y	Y	g38m	ma_3^R
44M	—	—	USA	粒用		48	35	Y	Y	Y	Y	g44m	ma_3^R
58M	—	—	USA	粒用		50	52	Y	Y	Y	Y	g58m	ma_3^R
B151	—	—	China	粒用				Y	Y	Y	Y	g151	
Tyouhinn 232	—	—	Japan	粒用		62	54	Y	Y	Y	Y	gcp	ma_3^R
Jiangsu hong ke	—	—	China	粒用		73	53	Y	Y	Y	Y	gjr	
Jiangsu hei ke	—	—	China	粒用		66	52	Y	Y	Y	Y	gjb	
B140	—	—	China	粒用				Y	Y	Y	Y	g140	
JN290EE	—	—	Japan	粒用				Y	Y	Y	Y	gee	ma_3^R
Namuse	Guinea	PI 155782	Malawi	粒用	31N			Y		Y		g4	
ETS 3089-B	Bicolor	PI 454516	Ethiopia	粒用	5～22N	78	60	Y		Y		g76	
Pyungchang LOCAL	Bicolor	PI 567797	Korea, South	粒用	34～38N	66	54	Y		Y		g100	
Unknown local	Bicolor	PI 567810	Korea, South	粒用	34～38N	65	54	Y		Y		g107	
K. 50188	Bicolor	PI 226096	Kenya	粒用	4S～5N	73	57	Y		Y		g118	

（续表）

名称	族群	登记号	起源	用途	分布纬度	在北京的抽穗期	在海南的抽穗期	用于Ma_3测序	用于Ma_3选择性清除分析	用于Ma_1测序	用于Ma_1选择性清除分析	系统进化树上的名称	备注
AMER JOWARI MILO	Caudatum	PI 571228	Sudan	粒用	15N	62		Y				g120	
DOUBLE DWARF YELLOW MILO	—	PI 651094	—	粒用				Y				g126	
Dwarf Yellow Milo	Durra	PI 92267	China, Beijing	粒用	39N		45	Y				g132	
DWARF YELLOW MILO	Durra	PI 221726	South Africa, Transvaal	粒用	22～35S	71	35	Y				g135	
Ogolo	Mixed	PI 521333	Kenya	粒用	4S～5N			Y				g174	
Ogolo	—	PI 521338	Kenya	粒用	4S～5N			Y				g180	
Ogolo	Bicolor	PI 521340	Kenya	粒用	4S～5N			Y				g182	在第4个外显子处提前终止
ETS 3987	(Shattercane)	PI 456194	Ethiopia	粒用	5～28N			Y				g188	
Ogolo	Bicolor	PI 521350	Kenya	粒用	4S～15N			Y				g203	
IS 10999	—	PI 563472	USA	粒用	37～40N			Y				g216	
IS 22359	(Shattercane)	PI 569805	Sudan	粒用	15N	89	53	Y				g225	
A/15 IS 2471	(Shattercane)	PI 570496	Sudan	粒用	15N			Y				g230	

（续表）

名称	族群	登记号	起源	用途	分布纬度	在北京的抽穗期	在海南的抽穗期	用于Ma₃测序	用于Ma₃选择性清除分析	用于Ma₁测序	用于Ma₁选择性清除分析	系统进化树上的名称	备注
A/16 IS 7016	(Shattercane)	PI 570497	Sudan	粒用	15N			Y				g231	
WAD YABIS	Bicolor	PI 570695	Sudan	粒用	15N			Y				g232	
IS 14474	(Shattercane)	PI 571372	Sudan	粒用	15N			Y				g238	
IS 14475	(Shattercane)	PI 571373	Sudan	粒用	15N	91	45	Y				g239	
IS 25575	Caudatum	PI 585607	Rwanda	粒用	1S			Y				g244	
IS 12472	Caudatum	PI 563513	Sudan	粒用	15N			Y				g287	
MN 1983	Guinea	PI 155767	Malawi	粒用	31N			Y				g291	
IS 2753	Bicolor	PI 267436	India	粒用	8~36N			Y				g295	
P954 177	—	—	—	粒用				Y		Y	Y	gs1	
P954 116	—	—	—	粒用				Y		Y	Y	gs2	
SA403	—	—	—	粒用				Y		Y	Y	gs3	
CK-60	—	—	—	粒用				Y		Y	Y	gs4	
Texas Blackhull Kafir	—	—	—	粒用				Y		Y	Y	gs6	
Hegari	—	—	—	粒用				Y		Y	Y	gs7	
Standard Milo	—	—	—	粒用				Y		Y	Y	gs81	

（续表）

名称	族群	登记号	起源	用途	分布纬度	在北京的抽穗期	在海南的抽穗期	用于 Ma_3 测序	用于 Ma_3 选择性清除分析	用于 Ma_1 测序	用于 Ma_1 选择性清除分析	系统进化树上的名称	备注
100day Milo	—	—	—	粒用						Y	Y	gs19	
P.E.601503B	—	—	—	粒用					Y	Y	Y	gs21	
2830B	—	—	—	粒用					Y	Y	Y	gs22	
MS	—	—	—	粒用					Y	Y	Y	gs23	
2830A	—	—	—	粒用					Y	Y	Y	gs24	
90day Milo	—	—	—	粒用					Y	Y	Y	gs75	
80day Milo	—	—	—	粒用					Y	Y	Y	gs76	
Sooner Milo（60M）	—	—	—	粒用					Y	Y	Y	gs77	
Sooner Milo（SM90）	—	—	—	粒用					Y	Y	Y	gs78	
Sooner Milo（SM80）	—	—	—	粒用					Y	Y	Y	gs79	
Sooner Milo（SM60）	—	—	—	粒用					Y	Y	Y	gs80	
SA 1170	—	—	—	粒用					Y	Y	Y	gs82	
WSM 100 Milo	—	—	—	粒用					Y	Y	Y	gs84	
CK-60	—	—	—	粒用					Y	Y	Y	gs85	
60 day Milo	—	—	—	粒用					Y	Y	Y	g147	

（续表）

名称	族群	登记号	起源	用途	分布纬度	在北京的抽穗期	在海南的抽穗期	用于Ma_3测序	用于Ma_3选择性清除分析	用于Ma_1测序	用于Ma_1选择性清除分析	系统进化树上的名称	备注
58day Milo	—	—	—	粒用				Y		Y	Y	g186	ma_3^R
FARAFARA	Guinea	PI 562970	Nigeria	粒用	9N					Y	Y	geu4	
TAPASOHIRA	Guinea	PI 563021	Nigeria	粒用	10N					Y	Y	geu5	
GIWA DAMBA	Guinea	PI 563031	Nigeria	粒用	11N	200				Y	Y	geu6	
IS 19066	Caudatum	PI 569090	Sudan	粒用	15N	89				Y	Y	geu8	
HYDERABAD 6392	Guinea-bicolor	PI 591405	India	粒用	8~36N					Y	Y	ge21	
P898012	—	PI 656057	US, Indiana	粒用	41N	71	45			Y	Y	ge28	
MN 4004	—	Grif 16302	Australia, Northern Territ	粒用	10~41S					Y	Y	ge30	
FAO 55036	Caudatum	PI 562254	Sudan	粒用	15N	200	62	Y		Y	Y	ge31	
HONEY（EARLY）	—	NSL 4030	USA	糖用		72		Y	Y			s40e	
WILEY	—	NSL 40377	USA	糖用				Y	Y			s437	
HONEY SORGO	—	NSL 4644	USA	糖用				Y	Y			shs	
Lahome	—	NSL 4421	USA	糖用		68		Y	Y			s421	
Azucarado	—	PI 478584	Peru	糖用		90	55	Y	Y			sazu	

（续表）

名称	族群	登记号	起源	用途	分布纬度	在北京的抽穗期	在海南的抽穗期	用于Ma_3测序	用于Ma_3选择性清除分析	用于Ma_1测序	用于Ma_1选择性清除分析	系统进化树上的名称	备注
Brades	—	NSL 29336	USA	糖用				Y	Y			s296	
161	—	PI 2363	USA	糖用				Y	Y			s236	
HONEY (LATE)	—	NSL 4030	USA	糖用		91		Y	Y			s401	
Williams	—	NSL 4488	USA	糖用				Y	Y			s48	
N110	—	PI 535795	USA	糖用				Y	Y			s537	
HONEY	—	NSL4363	USA	糖用		105		Y	Y			s463	
Ellis	—	NSL4017	USA	糖用				Y	Y			s417	
Sugar Drip	—	PI 4546	USA	糖用		91	62	Y	Y			s456	
W81-E	—	NSL 174431	USA	糖用		106	53	Y	Y			sw81	
N108	—	PI 535793	USA	糖用		87	54	Y	Y			s108	
Tracy	—	NSL 4029	USA	糖用		90	60	Y	Y			s409	
Rio	—	NSL40230	USA	糖用				Y	Y			s402	
HONEY	—	NSL16649	USA	糖用		103	57	Y	Y			s169	
HONEY	—	NSL4842	USA	糖用				Y	Y			s482	

（续表）

名称	族群	登记号	起源	用途	分布纬度	在北京的抽穗期	在海南的抽穗期	用于Ma₃测序	用于Ma₃选择性清除分析	用于Ma₁测序	用于Ma₁选择性清除分析	系统进化树上的名称	备注
Hoti	—	NSL 4492	USA	糖用				Y	Y			shti	
N109	—	PI 535794	USA	糖用		86	53	Y	Y			s109	
Dale	—	NSL 74333	USA	糖用		91	59	Y	Y			sdal	
Sugar Drip	—	NSL4547	USA	糖用		88	65	Y	Y			s457	
Jilin sweet	—	—	China	糖用		74	52	Y	Y			sjt	
Honey	—	NSL4641	USA	糖用		105	54	Y	Y			s461	
Honey	—	NSL4543	USA	糖用		90	56	Y	Y			s453	
MN 1296	—	PI 154742	Uganda	近缘野生型	1N			Y	Y	Y	Y	t248	
IS 2778	—	PI 267331	India	近缘野生型	8～36N			Y	Y			t257	
MN 4242	—	PI 302112	Zimbabwe	近缘野生型	17.5S	89	55	Y	Y			t263	
MN 4278	—	PI 302115	Australia	近缘野生型	10～41S	70	53	Y	Y	Y	Y	t265	

（续表）

名称	族群	登记号	起源	用途	分布纬度	在北京的抽穗期	在海南的抽穗期	用于Ma_3测序	用于Ma_3选择性清除分析	用于Ma_1测序	用于Ma_1选择性清除分析	系统进化树上的名称	备注
MN 4288	—	PI 302230	Unknown	近缘野生型		89		Y	Y	Y	Y	t270	
IS 11010	—	PI 329252	South Africa	近缘野生型			53	Y	Y			t275	
017A	—	PI 520777	Kenya	近缘野生型	4S～15N			Y	Y			t279	
TCD 050	—	PI 532565	Chad	近缘野生型	10～20N			Y	Y	Y	Y	t282	
TCD 070	—	PI 532566	Chad	近缘野生型	10～20N			Y	Y	Y	Y	t283	
AusTRCF302546	—	—	—	野生型						Y	Y	w346	
MN4254	—	PI 653737	Unknown	野生型				Y	Y			wmn	

附表 2　所有引物（包括 *Ma₁*、*Ma₃* 及各自周围用于检测选择性清除的基因）的信息

名称	引物编号	正向引物（5'-3'）	反向引物（3'-5'）	起始位置（bp）	终止位置（bp）
Sb01g037340（*Ma₃*）	1	aagtttctgtgccacaccctc	acgaactcccagctgaaagc	60 908 579	60 910 122
	2	aagggagggatacccacaagac	cggtgagggatggcgtagaa	60 909 720	60 911 143
	3	gcagcttcgactactcccagtc	cttcacaaggtccatgatgctgg	60 910 753	60 911 951
	4	atctcctcggcaatgaagttgtgg	acaccatcgaccaattgagctagg	60 911 694	60 912 955
	5	agaattgcggagtgctgttgag	gcaagtttcaaggaactgcctctg	60 912 747	60 914 125
	6	gcattgacaagttcatggttgtc	gcacaagtttcacaatctgg	60 913 763	60 915 276
	7	tggaacttggtgaatctggtgtc	atccaatgttgagctcaacca	60 915 064	60 916 823
	8	gctgacttcttgctaagcatggtg	gatctttcctgccatgtgcttagtcc	60 916 040	60 917 648
	9	gtatgtccgtaggtttgcctgc	ggacgtgagaaaattgccacc	60 917 528	60 918 687
Sb01g037040	1	tgattccaactaaccctcagcag	aagatgatggatcggtgcagccta		
Sb01g037090	1	aactcgctcgtagcccgagaa	acacgttcggggatcggcctgta		
	2	ccgcagtacaagatcggctactg	tcacaaagcgcaattcctgaccaa		
Sb01g037130	1	ccgaatcaccaaatcgagccca	tccactttgccaaatgcaagga		
Sb01g037190	1	atggctgatgctcggctggact	ggcctcatacgtcatacctgccca		
Sb01g037235	1	tcatcctagctcagcgctccga	agcatccgcatcaccttgacctgc		

113

高粱抽穗期基因*Ma₁*和*Ma₃*的分子进化及抽穗期的QTL分析

(续表)

名称	引物编号	正向引物（5'-3'）	反向引物（3'-5'）	起始位置（bp）	终止位置（bp）
Sb01g037280	1	gcgcaattagcagcgacctt	gcctcagcattttcgcccttt		
Sb01g037360	1	gcgctaccaatggcttagcagc	tggtgtcctcgttcagcagcgatgc		
Sb01g037455	1	gtaccagctccttagtcccaagtg	attctcgccttgctttcatgcacc		
	2	agatacatgaagtgggaggtggca	tagcatgggtgtcattaagggggca		
Sb01g037510	1	cctagccgtttttctcggctccaa	aggggcagaaccatcatcattgc		
Sb01g037590	1	ggagctcatgatggaccacc	agagccaatgggcgtcttctt		
Sb01g037620	1	gagccaagtcatggcgtccat	cgatcgctgaacaaagccacg		
	2	gttgaccatgcgccaccaggattgt	agctggtggtgaggcgttctct		
Sb01g037680	1	actgcaaaccaggtacatgctc	tcgtcaccatagatgtcagggta		
Sb06g014570（*Ma₁*）	1	ggatcctgagattggacgacatgg	agttgctgactacagacacctcg	40 279 013	40 280 373
	2	cgttttgtcattcactttgcag	caatgtctcactaatctcgacg	40 280 195	40 281 235
	3	tgtctttgctagcgtatgcctgc	ctaaattcggcctctggccacc	40 280 829	40 282 242
	4	gagacatgggtttttgggtcctc	aagggacatcagcgcccatcta	40 281 895	40 283 210
	5	ggtagagacaagctcttgcat	gctcattcattttctgacaggct	40 282 996	40 284 132
	6	acatgaatcattgcaggcgt	agttgtgagtctcttcgcctt	40 283 948	40 285 268

（续表）

名称	引物编号	正向引物（5'-3'）	反向引物（3'-5'）	起始位置（bp）	终止位置（bp）
	7	tggtcatggttgtatgtaggaacc	aggtcaaacttaccacttgtgg	40 284 948	40 286 004
	8	catctccataggagttgagc	ctgaatgccactttcacttccac	40 285 725	40 286 979
	9	aatgtttgtcgaaaggtgctg	ctattctcggaataccacccaa	40 286 684	40 288 109
	10	gttacataggcaagacagagagc	ttgcatcattgactccttcga	40 287 869	40 289 084
	11	tgtagaacagacgggctaccag	gtttgttcgtcgtccagcattacc	40 288 792	40 290 090
	12	cttcaggtgacatgcagtgta	ctactgacagttgatccaacca	40 289 807	40 290 960
Sb06g014365	1	ggactttggagatgctcaacac	gtagtcctcacacatggaacc		
Sb06g014510	1	gcgtcctacaacacgctcacta	ggaaccaaactctgcaccgcaa		
Sb06g014550	1	gaggcacaacaatggaggctgc	tccaggacaattggcagttggaa		
Sb06g014575	1	gtttgcaaggagatgcgccaa	tagctcgataaaggtcgggacc		
Sb06g014660	1	tggaagacgacgtcgcttcc	tgacggtcattctgccaactgg		
Sb06g014674	1	taaagagagtcgacttgagc	atacctcacaaccatagcca		
Sb06g014740	1	ggctagtttcactaccctcg	tatttgtaggccagcaggtg		

附表3 检测选择性清除所选基因

基因编号	名称	基因组位置（bp）	序列区域（bp）	注释
f001	Sb01g037040	60 583 719 ~ 60 584 641	60 583 758 ~ 60 584 594	weakly similar to VQ motif family protein, expressed
f002	Sb01g037090	60 639 660 ~ 60 641 438	60 639 753 ~ 60 641 288	similar to Galactinol synthase 3
f003	Sb01g037130	60 711 435 ~ 60 712 669	60 711 533 ~ 60 712 509	similar to NifU-like domain containing protein, expressed
f004	Sb01g037190	60 752 940 ~ 60 753 863	60 752 954 ~ 60 753 754	similar to Adenylosuccinate lyase, putative, expressed
f005	Sb01g037235	60 795 423 ~ 60 795 800	60 795 479 ~ 60 795 762	similar to Putative uncharacterized protein
f006	Sb01g037280	60 855 533 ~ 60 856 777	60 855 577 ~ 60 856 672	similar to EF hand family protein, expressed
Ma₃	Sb01g037340	60 910 479 ~ 60 917 763	60 908 647 ~ 60 918 642	similar to Phytochrome B
f007	Sb01g037360	60 944 186 ~ 60 944 643	60 944 266 ~ 60 944 624	similar to Os03g0308900 protein
f008	Sb01g037455	61 018 398 ~ 61 020 412	61 018487 ~ 61 020 333	similar to Expressed protein
f009	Sb01g037510	61 065 216 ~ 61 065 880	61 065 266 ~ 61 065 730	similar to CP12, putative, expressed
f010	Sb01g037590	61 128 701 ~ 61 129 354	61 128 798 ~ 61 129 335	similar to Expressed protein

116

（续表）

基因编号	名称	基因组位置（bp）	序列区域（bp）	注释
f011	Sb01g037620	61 166 491~61 168 759	61 166 548~61 168 676	similar to Negatively light-regulated protein, putative, expressed
f012	Sb01g037680	61 246 072~61 247 114	61 246 166~61 247 008	similar to Expressed protein
f001	Sb06g014365	39 731 178~39 731 516	39 731 254~39 731 486	hypothetical protein
f002	Sb06g014510	40 174 547~40 175 656	40 174 547~40 175 656	weakly similar to Putative uncharacterized protein
f003	Sb06g014550	40 216 040~40 217 587	40 216 040~40 217 587	similar to Os03g0439500 protein
Ma_1	Sb06g014570	40 280 414~40 290 602	40 279 053~40 290 919	similar to Two-component response regulator-like PRR37
f004	Sb06g014575	40 365 528~40 365 752	40 365 552~40 365 720	hypothetical protein
f005	Sb06g014660	40 472 380~40 473 590	40 472 428~40 473 516	hypothetical protein
f006	Sb06g014674	40 556 865~40 557 951	40 556 928~40 557 759	hypothetical protein
f007	Sb06g014740	40 784 078~40 784 927	40 784 093~40 784 788	similar to Pollen-specific protein C13 precursor

附表4　所有材料中*Ma₃*的单倍型

No.	220	250	278	383	414	653	800	879	1010	1046	1088	1101	1157	1164	1191	1282	1285	1286	1320	1334	1373	1381	1382	1383	1506	1558	1762
1	G	C	T	A	A	C	—	G	G	C	G	A	A	T	—	A	T	A	A	C	—	A	G	G	C	C	T
2	G	C	T	A	A	C	—	G	G	C	G	A	A	T	—	A	T	A	A	C	—	A	G	G	C	C	T
3	G	C	T	A	A	C	—	G	G	C	G	A	A	T	—	A	T	A	A	C	—	A	G	G	C	C	T
4	G	C	T	A	A	C	—	G	G	C	G	A	A	T	—	A	T	A	A	C	—	A	G	G	C	C	T
5	G	C	T	A	A	C	—	G	G	C	G	A	A	T	—	A	T	A	A	C	—	A	G	G	C	C	T
6	G	C	T	A	A	C	—	G	G	C	G	A	A	T	—	A	T	A	A	C	—	A	G	G	C	C	T
7	G	C	T	A	A	C	—	G	G	C	G	A	A	T	—	A	T	A	A	C	—	A	G	G	C	C	T
8	G	C	T	A	A	A	—	A	C	T	G	A	T	T	T	T	A	G	G	C	TA	A	G	G	C	C	T
9	A	T	C	A	G	A	—	A	C	T	G	A	T	T	T	T	A	G	G	A	—	A	G	G	C	C	T
10	A	T	C	A	G	A	—	A	C	T	G	A	T	T	T	T	A	G	G	A	—	A	G	G	C	C	T
11	A	T	C	A	G	A	—	A	C	T	T	A	T	T	T	T	A	G	G	A	—	A	G	G	C	C	T
12	A	C	C	T	G	A	TTA	A	C	T	T	A	T	—	T	T	A	G	G	C	—	A	G	G	C	A	T
13	A	C	C	T	G	A	TTA	A	C	T	G	A	T	—	T	T	A	G	G	C	—	A	G	G	C	A	T
14	A	C	C	T	G	A	TTA	A	C	T	G	A	T	—	T	T	A	G	G	C	—	A	G	G	C	A	T
15	A	C	C	T	G	A	—	A	C	T	T	A	T	—	T	T	A	G	G	C	—	A	G	G	C	A	T
16	A	C	C	T	G	A	—	A	C	T	T	A	T	—	T	T	A	G	G	C	—	A	G	G	C	A	T
17	A	C	C	T	G	A	—	A	C	T	T	A	T	—	T	T	A	G	G	C	—	A	G	G	C	A	T
18	A	C	C	A	G	A	—	A	C	T	G	A	T	—	T	T	A	G	G	C	—	A	G	G	C	A	T
19	A	C	C	T	G	A	—	A	C	T	G	C	T	—	T	T	A	G	G	C	—	A	G	G	C	A	T
20	A	C	C	T	G	A	—	A	C	T	G	A	T	—	T	T	A	G	G	C	—	A	G	G	C	A	T
21	A	C	C	T	G	A	—	A	C	T	G	A	T	—	T	T	A	G	G	C	—	A	G	G	C	A	T
22	A	C	C	T	G	A	—	A	C	T	G	A	T	—	T	T	A	G	G	C	—	A	G	G	C	A	T
23	A	C	C	T	G	A	—	A	C	T	G	A	T	—	T	T	A	G	G	C	—	A	G	G	C	A	T
24	A	C	C	T	G	A	—	A	C	T	G	A	T	—	T	T	A	G	G	C	—	A	G	G	C	A	T
25	A	C	C	T	G	A	—	A	C	T	G	A	T	—	T	T	A	G	G	C	—	A	G	G	G	A	T
26	A	C	C	A	G	A	—	A	C	T	G	A	T	T	T	T	A	G	G	C	TA	A	G	G	C	A	T
27	A	C	C	A	G	A	—	A	C	T	G	A	T	T	T	T	A	G	G	C	A	A	G	G	C	C	T
28	A	C	C	A	G	A	—	A	C	T	G	A	T	T	T	T	A	G	G	C	TA	A	G	G	C	C	T
29	A	C	C	A	G	A	—	A	C	T	G	A	T	T	T	T	A	G	G	C	TA	A	G	G	C	C	T
30	A	C	C	A	G	A	—	A	C	T	G	A	T	T	T	T	A	G	G	C	TA	A	G	G	C	C	T
31	A	C	C	T	G	A	—	A	C	T	G	A	T	T	T	T	A	G	G	C	TA	A	G	G	C	C	T
32	A	C	C	A	G	A	—	A	C	T	T	A	T	T	T	T	A	G	G	C	TA	A	G	G	C	C	T
33	A	C	C	A	G	A	—	A	C	C	G	A	A	T	—	A	A	G	G	C	A	A	G	—	C	C	C
34	A	C	C	A	G	A	—	A	T	C	G	A	A	T	—	A	A	G	G	C	A	A	G	G	C	C	C
35	A	C	C	A	G	A	—	A	C	C	G	A	T	T	A	A	A	G	G	C	A	A	G	G	C	C	T
36	A	C	C	A	G	A	—	A	T	C	G	A	A	T	—	A	A	G	G	C	A	A	G	G	C	C	C
37	A	C	C	T	G	A	—	A	C	T	G	A	T	—	T	T	A	G	G	C	—	A	G	G	C	A	T
38	A	C	C	T	G	A	—	A	C	T	G	A	T	—	T	T	A	G	G	C	—	A	G	G	C	A	T
39	A	C	C	T	G	A	—	A	C	T	G	A	T	—	T	T	A	G	G	C	—	A	G	G	C	A	T
40	A	C	C	T	G	A	—	A	C	T	G	A	T	—	T	T	A	G	G	C	—	A	G	G	C	A	T
41	A	C	C	T	G	A	—	A	C	T	G	A	T	—	T	T	A	G	G	C	—	A	G	G	C	A	T
42	A	C	C	T	G	A	—	A	C	T	G	A	T	—	T	T	A	G	G	C	—	A	G	G	G	A	T
43	A	C	C	T	G	A	—	A	C	T	G	A	T	—	T	T	A	G	G	C	—	A	G	G	C	A	T
44	A	C	C	T	G	A	—	A	T	T	G	A	T	—	T	T	A	G	G	C	—	A	G	G	C	A	T
45	A	C	C	T	G	A	—	A	C	T	G	A	T	—	T	T	A	G	G	C	—	A	G	G	C	A	T
46	A	C	C	A	G	A	—	A	T	T	G	A	T	T	T	T	A	G	G	C	A	G	A	A	C	A	T
47	A	C	C	A	G	A	—	A	T	T	G	C	T	T	T	T	A	G	G	C	A	G	A	A	C	A	T
48	A	C	C	A	G	A	—	A	T	T	C	T	T	T	T	T	A	G	G	C	A	G	A	A	C	A	T
49	A	C	C	A	G	A	—	A	T	T	G	A	T	T	T	T	A	G	G	C	A	G	A	A	C	A	T
50	A	C	C	A	G	A	—	A	C	T	G	A	T	T	T	T	A	G	G	C	TA	A	G	G	C	C	T

										位置													材料数目	举例
1 950	3 686	4 588	6 048	6 969	7 319	7 385	7 613	7 917	8 349	8 374	8 457	8 683	8 685	8 737	9 176	9 713	9 723	9 758	9 863	9 895	9 913	9 961		
CAC	A	A	C	G	A	C	TT	C	A	T	G	—	T	G	C	T	G	CA	G	A	A	G	2	g232
CAC	A	A	T	G	A	C	TT	C	A	T	G	—	T	G	C	T	G	CA	G	A	A	G	5	g153
CAC	A	A	T	G	A	—	TT	C	A	T	G	—	T	G	C	T	G	CA	G	A	A	G	1	g230
CAC	A	A	T	G	A	C	TT	C	—	T	G	—	T	G	C	T	G	CA	G	A	A	G	1	g120
CAC	A	A	T	T	A	C	TT	C	A	T	G	—	T	G	C	T	G	CA	G	A	A	G	1	g238
CAC	A	A	C	T	A	C	TT	C	A	T	C	—	T	A	C	T	G	CA	G	A	A	G	2	g225
CAC	A	A	T	G	A	C	TT	C	A	T	G	—	T	G	T	C	A	CA	G	T	A	A	1	g287
CAC	A	A	C	G	A	C	TT	C	A	TT	G	—	T	G	T	T	A	CA	G	T	A	A	1	s457
CAC	A	A	C	G	A	—	TT	C	A	T	G	—	T	G	T	T	G	CA	G	T	G	G	1	b53
CAC	A	A	C	G	A	C	TT	C	A	T	G	—	T	G	T	T	G	CA	G	T	G	G	4	gs76
CAC	A	A	C	G	A	C	TT	C	A	T	G	—	T	G	T	T	G	CA	G	T	G	G	2	gs19
CAC	A	A	C	G	A	C	TT	C	A	T	G	—	T	G	T	C	A	—		T	A	A	1	g216
CAC	A	A	C	T	A	C	TT	C	A	T	C	—	T	A	T	C	A	—		T	A	A	7	g181
CAC	A	A	C	T	A	—	TT	C	A	T	C	—	T	A	T	C	A	—		T	A	A	1	g129
CAC	A	A	C	T	A	C	TT	C	A	T	C	—	T	A	T	C	A	CA		T	A	A	1	g235
CAC	A	A	C	T	A	C	TT	C	A	TTT	C	—	T	A	T	C	A	—		T	A	A	10	b25
CAC	A	A	C	T	A	C	TT	C	—	T	C	—	T	A	T	C	A	—		T	A	A	1	g197
CAC	A	A	C	T	A	C	TT	C	A	T	C	—	T	A	T	C	A	—		T	A	A	1	t248
CAC	A	A	C	T	A	C	TT	T	A	TTT	C	—	T	A	T	C	A	—		T	A	A	1	b21
CAC	A	A	C	T	A	—	TT	T	A	TTT	C	—	T	A	T	C	A	—		T	A	A	1	b20
CAC	A	A	C	T	A	C	TT	C	A	TT	C	—	T	A	T	C	A	—		T	A	A	6	b115
CAC	A	A	C	T	A	C	TT	C	—	TT	C	—	T	A	T	C	A	—		T	A	A	1	g85
CAC	A	A	C	T	A	C	TT	C	A	T	C	—	T	A	T	C	A	—		T	A	A	63	b105
CAC	A	A	C	T	—	C	TT	C	A	T	C	—	T	A	T	C	A	—		T	A	A	6	g38m
CAC	A	A	C	T	A	C	TT	C	A	TTT	C	—	T	A	T	C	A	—		T	A	A	5	b31
CAC	A	A	C	G	A	C	TT	C	A	TT	G	—	T	G	T	T	A	CA	G	T	A	A	1	s108
CAC	A	A	C	G	A	C	TT	C	A	T	G	T	A	G	T	T	A	CA	G	T	A	A	1	b27
CAC	A	A	C	G	A	C	TT	C	A	T	G	—	A	G	T	T	A	CA	G	T	A	A	1	g89
CAC	A	A	C	G	A	C	TT	C	A	T	G	—	T	G	T	T	A	CA	G	T	A	A	17	d211
CAC	A	A	C	G	A	—	TT	C	A	TT	G	—	T	G	T	T	A	CA	G	T	A	A	1	g124
CAC	A	A	C	G	A	C	TT	C	A	T	G	—	T	G	T	T	A	CA	G	T	A	A	1	g217
CAC	A	A	C	G	A	C	TT	C	A	T	G	—	T	G	T	T	A	CA	G	T	A	A	7	s236
—	A	A	C	G	A	C	—	C	A	T	G	TT	T	G	C	—	—	—		—	—	—	1	t257
—	A	A	C	G	A	C	—	C	A	TT	G	TT	T	G	C	—	—	—		—	—	—	1	wmn
—	A	A	C	T	A	C	TT	C	A	—	C	—	T	A	T	C	A	CA		—	T	A	A	1	t275
—	A	A	C	G	A	C	—	C	A	T	G	TT	T	G	T	C	A	CA		—	T	A	A	1	t263
CAC	A	A	C	T	A	C	TT	T	A	—	C	—	T	A	T	C	A	—		T	A	A	1	b39
CAC	A	A	C	T	A	C	TT	T	A	T	C	—	T	A	T	C	A	—		T	A	A	4	b15
CAC	A	A	C	T	A	C	TT	C	—	C	—		T	A	T	C	A	—		T	A	A	1	g132
CAC	A	A	C	T	A	C	TT	C	—	T	C	—	T	A	T	C	A	—		T	A	A	1	b67
CAC	A	A	C	T	A	C	TT	C	A	—	C	—	T	A	T	C	A	—		T	A	A	1	b23
CAC	A	A	C	T	A	C	T	C	A	T	C	—	T	A	T	C	A	—		T	A	A	1	b35
CAC	A	A	C	T	A	C	TT	C	A	T	C	—	T	A	T	C	A	—		T	A	A	2	g241
CAC	A	A	C	T	A	—	TT	C	A	T	C	—	T	A	T	C	A	—		T	A	A	2	g171
CAC	A	A	C	T	A	C	TT	C	A	T	C	—	T	A	T	C	A	—		T	A	A	4	b43
CAC	A	—	C	G	A	C	TT	C	A	T	G	—	T	G	T	C	A	CA	G	T	A	A	1	b41
CAC	A	—	C	G	A	C	TT	C	A	T	G	—	T	G	T	C	A	CA	G	T	A	A	1	s40l
CAC	A	—	C	G	A	C	TT	C	A	T	G	—	T	G	T	C	A	CA	G	T	A	A	1	shs
CAC	C	—	C	G	A	C	TT	C	A	T	G	—	T	G	T	C	A	CA	G	T	A	A	2	b45
CAC	A	A	C	G	A	C	TT	C	A	TTTTT	G	—	T	G	T	T	A	—	G	T	A	A	2	g91

119

高粱抽穗期基因*Ma₁*和*Ma₃*的分子进化及抽穗期的QTL分析

位置 (Position)

No.	220	250	278	383	414	653	800	879	1010	1046	1088	1101	1157	1164	1191	1282	1285	1286	1320	1334	1373	1381	1382	1383	1506	1558	1762
51	A	C	C	A	G	A	—	A	C	T	T	A	T	T	T	T	A	G	G	C	TA	A	G	G	C	C	T
52	A	C	C	A	G	A	—	A	C	T	T	A	T	T	T	T	A	G	G	C	TA	A	G	G	C	C	T
53	A	C	T	A	G	C	—	G	G	C	G	A	A	T	—	A	T	A	A	C	—	A	G	G	C	C	T
54	A	C	T	A	G	A	—	G	G	C	G	A	A	T	—	A	T	A	A	C	—	A	G	G	C	A	T
55	A	C	T	A	G	C	—	G	G	C	G	A	A	T	—	A	T	A	A	C	—	A	G	G	C	C	T
56	A	C	T	A	G	C	—	G	G	C	G	A	A	T	—	A	T	A	A	C	—	A	G	G	C	C	T
57	A	C	C	A	G	C	—	G	G	C	G	A	A	T	—	A	T	A	A	C	—	A	G	G	C	C	T
58	A	C	C	T	G	C	—	G	G	C	G	A	A	T	—	A	T	A	A	C	—	A	G	G	C	C	T
59	A	C	C	T	G	A	—	A	G	C	G	A	A	T	—	A	T	A	A	C	—	A	G	G	C	C	T
60	A	C	C	T	G	A	—	A	G	C	G	A	T	—	T	T	A	G	G	C	—	A	G	G	C	A	T
61	A	C	C	T	G	A	—	A	C	T	G	A	T	—	T	T	A	G	G	C	—	A	G	G	C	A	T
62	A	C	C	T	G	A	—	A	C	T	G	A	T	—	T	T	A	G	G	C	—	A	G	G	C	A	T
63	A	C	C	T	G	A	—	A	C	T	G	A	T	—	T	T	A	G	G	C	—	A	G	G	C	A	T
64	A	C	C	A	G	A	—	A	C	T	G	A	T	T	T	T	A	G	G	C	A	G	A	A	C	A	T
65	A	C	C	A	G	A	—	A	C	T	G	A	T	T	T	T	A	G	G	C	A	G	G	A	C	A	T
66	A	C	C	A	G	A	—	A	C	T	G	C	T	T	T	T	A	G	G	C	A	G	A	A	C	A	T
67	A	C	C	A	G	A	—	A	C	T	G	A	T	T	T	T	A	G	G	C	A	G	A	A	C	A	T
68	A	C	C	A	G	A	—	A	C	T	G	A	T	T	T	T	A	G	G	C	A	G	A	A	C	A	T
69	A	C	C	A	G	A	—	A	C	T	G	A	T	—	T	T	A	G	G	C	A	G	A	A	C	A	T
70	A	C	C	A	G	A	—	A	C	T	T	A	T	T	T	T	A	G	G	C	A	G	A	A	C	A	T
71	A	C	T	A	G	A	—	A	C	T	G	A	T	T	T	T	A	G	G	C	A	G	A	A	C	A	T
72	A	C	C	A	G	A	—	A	C	T	T	A	T	T	T	T	A	G	G	C	A	G	A	A	C	A	T
73	A	C	C	T	G	A	—	A	C	T	G	C	T	T	T	T	A	G	G	C	A	G	A	A	C	A	T
74	A	C	C	T	G	A	—	A	C	T	G	A	T	—	T	T	A	G	G	C	—	A	G	G	C	A	T
75	A	C	C	A	G	A	—	A	C	T	G	A	T	T	T	T	A	G	G	C	A	G	A	A	C	A	T
76	A	C	C	A	G	A	—	A	C	T	G	A	T	T	T	T	A	A	G	G	C	—	A	G	G	C	C
77	A	C	C	A	G	A	—	A	C	T	G	A	T	—	T	T	A	G	G	C	—	A	G	G	C	C	T
78	A	C	C	A	G	A	—	A	C	T	T	A	T	T	T	T	A	G	G	C	—	A	G	G	C	C	T
79	A	C	C	A	G	A	—	A	C	T	G	A	T	—	T	T	A	G	G	C	—	A	G	G	C	C	T
80	A	C	C	A	G	C	—	A	C	C	G	A	T	—	—	A	A	G	G	C	A	A	G	—	C	C	C
81	A	C	C	A	G	C	—	A	C	C	G	A	T	—	—	A	A	G	G	C	A	A	G	—	C	C	C
82	A	C	C	A	G	C	—	A	C	T	G	A	A	T	—	A	T	A	A	C	—	A	G	G	C	C	T
83	A	C	C	A	G	C	—	A	C	C	G	A	A	T	—	A	A	G	G	C	A	A	G	A	C	C	T
84	A	C	C	A	G	C	—	A	C	C	G	A	A	T	—	A	A	G	G	C	A	A	G	G	C	C	T
85	A	C	C	A	G	C	—	A	C	C	G	A	T	T	—	A	A	G	G	C	A	A	G	G	C	C	C
86	A	C	C	T	G	A	—	A	C	T	G	A	T	—	T	T	A	G	G	C	A	A	G	G	C	A	T
87	A	C	C	T	G	A	—	A	C	T	G	A	T	—	T	T	A	G	G	C	—	A	G	G	C	A	T
88	A	C	C	T	G	A	—	A	C	T	G	A	T	—	T	T	A	G	G	C	—	A	G	G	C	A	T
89	A	C	C	T	G	A	—	A	C	T	G	A	T	—	T	T	A	G	G	C	—	A	G	G	C	A	T
90	A	C	C	T	G	A	—	A	C	T	G	A	T	—	T	T	A	G	G	C	—	A	G	G	C	A	T
91	A	C	C	T	G	A	—	A	C	T	G	A	T	—	T	T	A	G	G	C	—	A	G	G	C	C	T
92	A	C	C	T	G	A	—	A	C	T	G	A	T	—	T	T	A	G	G	C	—	A	G	G	C	C	T
93	A	C	C	A	G	A	—	A	C	T	G	C	T	T	T	T	A	G	G	C	A	G	G	A	C	A	T
94	A	C	C	A	G	A	—	A	C	T	G	A	T	T	T	T	A	G	G	C	A	G	A	A	C	A	T
95	A	C	C	T	G	A	—	A	C	T	G	A	T	—	T	T	A	G	G	C	—	A	G	G	C	A	T
96	A	C	C	A	G	A	—	A	C	C	G	A	A	T	T	A	A	G	G	C	—	A	G	G	C	A	T
97	A	C	C	A	G	A	—	A	C	C	G	A	A	T	—	A	A	G	G	C	A	A	G	G	C	C	T
98	A	C	C	T	G	A	—	A	C	T	G	A	T	—	T	T	A	G	G	C	TA	A	G	G	C	C	T
99	A	C	C	T	G	A	—	A	C	T	G	A	T	—	T	T	A	G	G	C	—	A	G	G	C	A	T
100	A	C	C	T	G	A	—	A	C	T	G	C	T	—	T	T	A	G	G	C	—	A	G	G	C	C	T

（续表）

1 950	3 686	4 588	6 048	6 969	7 319	7 385	7 613	7 917	8 349	8 374	8 457	8 683	8 685	8 737	9 176	9 713	9 723	9 758	9 863	9 895	9 913	9 961	材料数目	举例
CAC	A	A	C	G	A	C	TT	C	A	TT	G	—	T	G	T	T	A	—	G	T	A	A	1	geu5
CAC	A	A	C	T	A	C	TT	C	A	TTTT	C	—	T	A	T	T	A	CA	G	T	A	A	1	g178
CAC	A	A	C	T	A	C	TT	C	A	T	C	—	T	A	C	T	G	CA	G	T	A	G	1	gb4
CAC	A	A	C	G	A	C	TT	C	A	TTT	G	—	T	G	C	T	G	CA	G	T	A	G	1	g208
CAC	A	A	C	G	A	C	TT	C	A	T	G	—	T	G	C	T	G	CA	G	T	A	G	4	g290
CAC	A	A	C	G	A	C	TT	C	A	—	G	—	T	G	C	T	G	CA	G	T	A	G	1	g5
CAC	A	A	C	G	A	C	TT	C	A	T	G	—	T	G	C	T	G	CA	G	T	A	G	1	g4
CAC	A	A	T	G	A	C	TT	C	A	T	G	—	T	G	C	T	G	CA	G	A	A	G	1	g226
CAC	A	A	C	G	A	C	TT	C	A	T	G	—	T	A	C	C	A	CA	—	T	A	A	1	t265
CAC	A	A	C	T	A	C	TT	C	A	T	G	—	T	G	T	C	A	CA	—	T	A	A	1	ds12
CAC	A	A	C	T	A	C	TT	C	A	T	C	—	T	A	T	C	A	CA	—	T	A	A	3	d163
CAC	A	A	C	T	A	C	TT	C	—	T	C	—	T	A	T	C	A	CA	—	T	A	A	1	g71
CAC	A	A	C	G	A	C	TT	C	A	TT	G	—	T	G	T	C	A	CA	G	T	A	A	4	d170
CAC	C	A	C	G	A	C	TT	C	A	TT	G	—	T	G	T	C	A	CA	G	T	A	A	1	b104
CAC	A	A	C	G	A	C	TT	C	A	T	G	—	T	G	T	C	A	CA	G	T	A	A	2	g166
CAC	A	—	C	G	A	C	TT	C	A	T	G	—	T	G	T	C	A	CA	G	T	A	A	7	bal
CAC	C	—	C	G	A	C	TT	C	A	T	G	—	T	G	T	C	A	CA	G	T	A	A	3	g106
CAC	A	—	C	G	A	C	TT	C	—	T	G	—	T	G	T	C	A	CA	G	T	A	A	1	g109
CAC	A	—	C	G	A	C	TT	C	A	TTT	G	—	T	G	T	C	A	CA	G	T	A	A	1	s463
CAC	A	A	C	G	A	C	TT	C	A	T	G	—	T	G	T	C	A	CA	G	T	A	A	1	g188
CAC	A	—	C	G	A	C	TT	C	A	T	C	—	T	A	T	C	A	CA	G	T	A	A	1	s461
CAC	C	—	C	G	A	C	TT	C	A	T	G	—	T	G	T	C	A	CA	G	T	A	A	1	g140
CAC	A	A	C	T	A	C	TT	T	A	T	C	—	T	A	T	C	A	CA	G	T	A	A	1	bsz
CAC	C	—	C	G	A	C	TT	C	A	T	G	—	T	G	C	T	G	CA	G	A	A	G	1	g100
CAC	A	A	C	A	A	C	TT	C	A	—	G	—	T	G	T	C	A	CA	G	T	A	G	1	g190
CAC	A	A	C	G	A	C	TT	C	A	T	G	—	T	G	T	C	A	CA	G	T	A	A	1	g80
CAC	A	A	C	G	A	C	TT	C	A	TT	G	—	T	G	T	C	A	CA	G	T	A	A	1	g73
CAC	A	A	C	G	A	C	TT	C	A	T	G	—	T	G	T	C	A	CA	G	T	A	A	1	g44
—	A	A	C	G	A	C	TTTTT	C	A	—	G	—	T	G	C	C	A	CA	G	T	A	G	1	g117
CAC	A	A	C	G	A	C	TT	C	A	T	G	—	T	G	C	C	A	CA	G	T	A	G	1	t283
CAC	A	A	C	G	A	C	TT	C	A	T	G	—	A	G	C	T	G	CA	G	A	A	G	1	g295
CAC	A	A	C	G	A	C	TTT	C	A	T	G	—	A	G	T	C	A	—	T	A	A	G	1	t270
CAC	A	A	C	G	A	C	—	C	A	—	G	TT	A	G	C	C	A	CA	G	T	A	G	1	g187
—	A	A	C	T	A	C	TT	C	A	T	C	—	T	A	C	C	A	CA	G	T	A	G	1	g142
CAC	A	A	C	T	A	C	TT	C	A	T	C	—	T	A	T	C	A		G	T	A	A	1	gc21
CAC	A	A	C	G	A	C	TT	C	A	T	G	—	T	G	T	C	A	—		T	A	A	1	g174
CAC	A	A	T	G	A	C	TT	C	A	T	G	—	T	G	T	C	A	—		T	A	A	1	g218
CAC	A	A	C	T	A	C	TT	C	A	T	G	—	T	G	T	C	A	—		T	A	A	1	d212
CAC	A	A	C	T	A	—	TT	C	A	—	C	—	T	G	T	C	A	—		T	A	A	1	g227
CAC	A	A	C	T	A	C	TT	C	A	T	C	—	T	G	T	C	A	—		T	A	A	1	g86
CAC	A	A	C	G	A	C	TT	C	A	TT	C	—	T	A	C	C	A	—		T	A	A	1	g131
CAC	A	A	C	G	A	C	TT	C	A	T	G	—	T	G	T	C	A	—		T	A	A	1	g118
CAC	C	—	C	G	A	C	TT	C	A	T	G	—	T	G	T	C	A	—		T	A	A	1	b102
CAC	A	A	C	G	A	C	TT	C	A	T	G	—	T	G	C	T	A	—		T	A	A	1	t282
CAC	A	A	C	G	A	C	TT	C	A	T	G	—	T	G	C	C	A	CA	G	T	A	G	1	g195
CAC	A	A	C	G	A	C	TT	C	A	T	G	—	T	G	C	C	A	CA	G	T	A	G	1	g204
CAC	A	A	C	G	A	C	—	C	A	—	G	TT	A	G	C	C	A	CA	G	T	A	G	1	g233
CAC	A	A	C	T	A	C	TT	C	A	TT	G	—	T	A	C	T	G	CA	G	A	A	G	1	g191
CAC	A	A	C	T	A	C	TT	C	A	T	C	—	T	A	C	T	G	CA	G	T	A	G	1	g176

附表5　所有材料中*Ma₁*的单倍型

No.	285	320	335	366	441	479	509	513	521	528	590	633
						位置						
1	TATATA	—	—	—	A	—	—	—	—	—	ATAT	A
2	TATATA	—	—	—	A	—	—	—	—	—	ATAT	A
3	—	—	ATCCATCCCTGGAGTAC	A	T	—	—	—	—	GCC	—	G
4	—	ATGCATGC	ATCCATCCCTGGAGTAC	A	T	TGCA	C	ATAT	G	GA	—	G
5	—	ATGCATGC	ATCCATCCCTGGAGTAC	A	T	TGCA	C	ATAT	G	GA	—	G
6	—	ATGCATGC	ATCCATCCCTGGAGTAC	A	T	TGCA	C	ATAT	G	GA	ATAT	G
7	—	ATGCATGC	ATCCATCCCTGGAGTAC	A	T	TGCA	C	ATAT	G	GA	ATAT	G
8	—	ATGCATGC	ATCCATCCCTGGAGTAC	A	T	TGCA	C	ATAT	G	GA	ATAT	G
9	—	ATGCATGC	ATCCATCCCTGGAGTAC	A	T	TGCA	C	ATAT	G	GA	ATAT	G
10	—	ATGCATGC	ATCCATCCCTGGAGTAC	A	T	TGCA	C	ATAT	G	GA	ATAT	G
11	—	ATGCATGC	ATCCATCCCTGGAGTAC	A	T	TGCA	C	ATAT	G	GA	ATAT	G
12	—	ATGCATGC	ATCCATCCCTGGAGTAC	A	T	TGCA	C	ATAT	G	GA	ATAT	G
13	—	ATGCATGC	ATCCATCCCTGGAGTAC	A	T	TGCA	C	ATAT	G	GA	ATAT	G
14	—	ATGCATGC	ATCCATCCCTGGAGTAC	A	T	TGCA	C	ATAT	G	GA	ATAT	G
15	—	ATGCATGC	ATCCATCCCTGGAGTAC	A	T	TGCA	C	ATAT	G	GA	ATAT	G
16	—	ATGCATGC	ATCCATCCCTGGAGTAC	A	T	TGCA	C	ATAT	G	GA	—	G
17	—	ATGCATGC	ATCCATCCCTGGAGTAC	A	T	TGCA	C	ATAT	G	GA	ATAT	G
18	—	ATGCATGC	ATCCATCCCTGGAGTAC	A	T	TGCA	C	ATAT	G	GA	ATAT	G
19	—	ATGCATGC	ATCCATCCCTGGAGTAC	A	T	TGCA	C	ATAT	G	GA	ATAT	G
20	—	ATGCATGC	ATCCATCCCTGGAGTAC	A	T	TGCA	C	ATAT	G	GA	—	G
21	—	ATGCATGC	ATCCATCCCTGGAGTAC	A	T	TGCA	C	ATAT	G	GA	—	G

位置													材料数目	举例
648	674	679	686	694	698	722	735	752	759	838	866	901		
TTTACTTAGGAGTATTTATTTATTTA	C	T	AT	C	A	A	—	A	TACGGCACAGGCA	A	C	A	6	gb1
TTTACTTAGGAGTATTTATTTATTTA	C	T	AT	C	A	A	—	A	TACGGCACAGGCA	A	C	A	1	t270
CTGAGGAGTATTTATTTATTTA	C	T	AT	G	A	—	C	A	TACGGCACAGGCA	G	C	C	1	w346
—	A	T	—	G	G	—	C	T	—	G	G	C	6	gs21
—	A	T	—	G	G	—	C	T	—	G	G	C	8	g147
—	A	C	—	G	G	—	C	T	—	G	G	C	4	b184
—	A	C	—	G	G	—	C	T	TACGGCACA	G	G	C	1	ds12
—	A	C	—	G	G	—	C	T	—	G	G	C	2	d164
—	A	T	—	G	G	—	C	T	—	G	G	C	12	g38m
—	A	T	—	G	G	—	C	T	—	G	G	C	8	bal
—	A	T	—	G	G	—	C	T	—	G	G	C	1	ge4
—	A	T	—	G	G	—	C	T	—	G	G	C	1	ge6
—	A	T	—	G	G	—	C	T	—	G	G	C	1	ge5
—	A	T	—	G	G	—	C	T	—	G	G	C	1	ge21
—	A	T	—	G	G	—	C	T	—	G	G	C	1	ge31
—	A	T	—	G	G	—	C	T	—	G	G	C	1	ge30
—	A	C	—	G	G	—	C	T	—	G	G	C	1	t283
—	A	C	—	G	G	—	C	T	—	G	G	C	1	bsz
—	A	T	—	G	G	—	C	T	—	G	G	C	1	t282
—	A	T	—	G	G	—	C	T	—	G	G	C	1	ge28
—	A	T	—	G	G	—	C	T	—	G	G	C	1	t265

123

No.	935	961	968	990	1 076	1 081	1 159	1 167	1 178	1181
							位置			
1	—	C	—	—	GG	A	A	T	G	GTTTTAGCTAGGACAATTCTTATTAG
2	—	C	—	—	GG	A	A	T	G	GTTTTAGCTAGGACAATTCTTATTAG
3	—	C	AGCAGC	CA	—	A	A	A	G	GTTTTTAGCTAC
4	—	T	AGCAGCAGC	CA	—	G	C	A	A	—
5	—	T	AGCAGCAGC	CA	—	G	C	A	A	—
6	—	T	AGCAGCAGC	CA	—	G	C	A	A	—
7	—	T	AGCAGCAGC	CA	—	G	C	A	A	—
8	—	T	AGCAGCAGCAGC	CA	—	G	C	A	A	—
9	CCAT	T	AGCAGCAGC	CA	—	G	C	A	A	—
10	CCAT	T	AGCAGCAGC	CA	—	G	C	A	A	—
11	—	T	AGCAGCAGC	CA	—	G	C	A	A	—
12	—	T	AGCAGCAGC	CA	—	G	C	A	A	—
13	—	T	AGCAGCAGC	CA	—	G	C	A	A	—
14	—	T	AGCAGCAGC	CA	—	G	C	A	A	—
15	—	T	AGCAGCAGC	CA	—	G	C	A	A	—
16	—	T	AGCAGCAGC	CA	—	G	C	A	A	—
17	—	T	AGCAGCAGCAGC	CA	—	G	C	A	A	—
18	CCAT	T	AGCAGCAGC	CA	—	G	C	A	A	—
19	—	T	AGCAGCAGC	CA	—	G	C	A	A	—
20	—	T	AGCAGCAGC	CA	—	G	C	A	A	—
21	—	T	AGCAGCAGC	CA	—	G	C	A	A	—

124

（续表）

位置																		材料数目	举例
1 208	1 243	1 260	1 278	1 299	1 657	1 825	1 876	2 052	2 152	2 153	2 181	2 221	2 378	2 414	2 675	2 795	2 931		
T	T	A	T	A	G	T	C	GTAC	C	—	G	G	C	T	G	C	T	6	gb1
T	T	A	T	A	G	T	C	GTAC	C	—	G	G	C	T	G	C	T	1	t270
A	T	A	T	A	G	T	—	—	C	—	G	G	C	C	A	C	C	1	w346
G	G	A	A	G	G	A	C	—	T	T	G	G	C	C	G	C	C	6	gs21
G	G	A	A	G	G	A	C	—	T	TT	C	G	C	C	A	C	C	8	g147
G	G	A	A	G	G	T	T	—	T	T	G	A	C	C	G	C	C	4	b184
G	G	A	A	G	G	T	T	—	T	T	G	A	C	C	G	C	C	1	ds12
G	G	A	A	G	G	T	C	—	T	T	G	G	C	C	G	T	C	2	d164
G	G	C	A	G	—	T	C	—	T	T	G	G	C	C	G	C	C	12	g38m
G	G	A	A	G	G	T	C	—	T	T	G	G	C	C	G	C	C	8	bal
G	G	A	A	G	G	T	C	—	T	TT	G	G	C	T	G	C	T	1	ge4
G	G	A	A	G	G	T	C	—	T	TT	G	G	T	T	G	C	T	1	ge6
G	G	A	A	G	G	T	C	—	T	TT	G	G	T	T	G	C	T	1	ge5
G	G	A	A	G	G	T	C	—	T	TT	G	G	T	C	G	T	C	1	ge21
G	G	A	A	G	G	A	C	—	T	T	G	G	C	T	G	C	T	1	ge31
G	G	A	A	G	G	A	C	—	T	T	G	G	C	T	G	C	T	1	ge30
G	G	A	A	G	G	T	C	—	T	T	G	G	C	C	G	C	C	1	t283
G	G	A	A	G	G	T	C	—	T	T	C	G	C	C	A	C	C	1	bsz
G	G	A	A	G	G	T	C	—	T	TT	G	G	T	C	G	T	C	1	t282
G	G	A	A	G	G	T	T	—	T	TT	G	A	C	T	G	C	T	1	ge28
G	G	A	A	G	G	T	C	—	C	—	G	G	C	T	G	C	T	1	t265

| No. | | | | | | | | | 位置 | | | | | | | | |
---	3 207	3 304	3 382	3 463	3 471	3 490	3 496	3 511	3 603	3 649	3 652	3 701	3 711	4 005	4 113	4 167	4 265
1	G	G	T	G	C	C	T	T	T	G	G	A	—	T	A	G	G
2	G	G	T	G	C	C	T	T	T	G	G	A	—	T	A	G	G
3	A	G	C	A	C	C	C	C	C	G	G	G	A	T	G	G	G
4	G	G	C	G	C	A	C	C	C	G	A	G	A	T	G	G	G
5	G	G	C	G	C	C	C	C	C	A	G	G	A	T	G	G	G
6	G	G	C	A	C	C	C	C	C	A	G	G	A	T	G	G	A
7	G	G	C	A	C	C	C	C	C	A	G	G	A	T	G	G	A
8	G	G	C	G	C	C	C	C	C	A	G	G	A	T	G	G	G
9	G	G	C	G	C	A	C	C	C	G	G	G	A	T	G	A	G
10	G	G	C	G	C	A	C	C	C	G	G	G	A	T	G	A	G
11	G	G	C	G	T	A	C	C	C	G	G	G	A	A	G	A	G
12	G	A	C	G	T	A	C	C	C	G	G	G	A	A	G	A	G
13	A	A	C	G	T	A	C	C	C	G	G	G	A	A	G	A	G
14	A	A	C	G	T	A	C	C	C	G	G	G	A	A	G	A	G
15	G	G	T	G	C	A	C	C	C	G	A	G	A	T	G	G	G
16	G	G	C	G	C	A	C	C	C	G	A	G	A	T	G	G	G
17	G	G	C	G	C	C	C	C	C	G	G	G	A	T	G	G	G
18	G	G	C	G	C	C	C	C	C	A	G	G	A	T	G	G	G
19	A	G	C	G	C	A	C	C	C	G	G	G	A	A	G	A	G
20	G	G	C	A	C	C	C	C	C	A	G	G	A	T	G	G	A
21	G	G	C	G	C	C	C	C	C	G	G	G	A	T	G	G	G

（续表）

位置																材料数目	举例
4 635	4 670	5 145	5 220	5 256	5 706	5 749	5 814	5 890	6 172	6 554	6 761	6 787	6 811	7 167	7 257		
G	G	C	C	G	TG	C	T	C	G	T	C	C	T	C	A	6	gb1
G	G	C	C	G	TG	C	T	C	G	T	C	C	T	C	A	1	t270
G	G	C	A	G	TG	C	T	G	G	C	C	C	T	C	A	1	w346
A	A	C	A	G	TG	C	T	A	G	C	C	C	T	A	A	6	gs21
A	G	C	A	G	—	C	C	C	G	C	T	C	T	C	A	8	g147
A	G	C	A	G	—	C	C	C	G	C	T	C	A	C	A	4	b184
A	G	C	A	G	—	C	C	C	G	C	T	C	A	C	A	1	ds12
A	G	C	A	G	TG	C	C	C	G	C	T	C	T	C	A	2	d164
A	A	T	A	G	TG	C	T	C	G	C	C	T	T	A	G	12	g38m
A	A	T	A	G	TG	C	T	C	G	C	C	T	T	A	G	8	bal
A	A	C	A	A	TG	T	T	C	A	C	C	C	T	A	A	1	ge4
A	A	C	A	A	TG	T	T	C	A	C	C	C	T	A	A	1	ge6
A	A	C	A	A	TG	T	T	C	A	C	C	C	T	A	A	1	ge5
A	A	C	A	A	TG	T	T	C	A	C	C	C	T	A	A	1	ge21
A	A	C	A	G	TG	C	T	A	G	C	C	C	T	A	A	1	ge31
A	A	C	A	G	TG	C	T	A	G	C	C	C	T	A	A	1	ge30
A	G	C	A	G	TG	C	T	C	G	C	C	C	T	C	A	1	t283
A	G	C	A	G	—	C	C	C	G	C	T	C	T	C	A	1	bsz
A	A	C	A	G	TG	C	T	C	G	C	C	C	T	A	A	1	t282
A	G	C	A	G	—	C	C	C	G	C	T	C	A	C	A	1	ge28
G	G	C	C	G	TG	C	T	C	G	C	C	C	T	C	A	1	t265

（续表）

No.	位置														材料数目	举例
	7 465	7 839	7 993	9 700	9 740	9 747	9 952	10 054	10 570	10 865	11 202	11 386	12 065	12 110		
1	G	T	T	—	C	A	—	T	T	C	G	A	A	TA	6	gb1
2	G	T	G	—	C	A	—	C	T	C	G	A	A	TATATATATA	1	t270
3	G	T	G	—	C	T	—	C	G	C	C	A	A	—	1	w346
4	C		G	—	C	A	—	C	G	C	C	T	A	TA	6	gs21
5	C	T	G	—	C	A	—	C	G	C	C	A	A	TA	8	g147
6	C	—	G	—	C	A	—	C	G	T	C	A	G	—	4	b184
7	C	—	G	—	C	A	—	C	G	C	C	A	G		1	ds12
8	C	—	G	—	C	T	—	C	G	C	C	A	A	TA	2	d164
9	C	—	G	—	C	T	TA	C	G	C	C	A	A	TATATATATA	12	g38m
10	C	T	G	—	C	T	TA	C	G	C	C	A	A	TATATA	8	bal
11	C	T	G	TTA	C	T	TA	C	G	C	C	A	A	TA	1	ge4
12	C	T	G	TTA	C	T	TA	C	G	C	C	A	A	TA	1	ge6
13	C	T	G	TTA	C	T	TA	C	G	C	C	A	A	TA	1	ge5
14	C	T	G	TTA	C	T	TA	C	G	C	C	A	A	TA	1	ge21
15	T	T	G	—	G	T	—	C	G	C	C	T	A	TA	1	ge31
16	C	—	G	—	G	T	—	C	G	C	C	T	A	TA	1	ge30
17	C	T	G	—	C	A	—	C	G	C	C	A	A	—	1	t283
18	C	T	G	—	C	A	—	C	G	C	C	A	A	TA	1	bsz
19	C	T	G	—	C	T	TA	C	G	C	C	A	A	TA	1	t282
20	C	—	G	—	C	A	—	C	G	C	C	A	G	—	1	ge28
21	G	T	G	—	C	A	—	C	G	C	C	A	A	TATA	1	t265

附表6　*Ma₃*各个分区的核苷酸多态性

基因区域	分类	样品数 (n)	多态性位点数目 (S)	核苷酸多态性 平均数数 (k)	核苷酸 多态性 (π)	单倍型多 态性 (hd)	Tajima's D
	栽培高粱	242	221	8.719 5	0.000 90	0.900	−2.378 4**
	帚用高粱	40	46	4.996 2	0.000 50	0.836	−1.907 6*
*Ma₃*全部 区域	粒用高粱	168	177	9.707 7	0.000 99	0.879	−2.198 5**
	甜高粱	26	41	8.593 8	0.000 86	0.942	−1.782 0[NS]
	饲用高粱	8	12	4.857 1	0.000 49	0.857	0.249 0
野生高粱 (*S. verticilliflorum*)		9	106	32.638 9	0.003 43	1.000	−0.842 9[NS]
	栽培高粱	242	98	4.169 0	0.002 33	0.789	−2.261 6**
	帚用高粱	40	16	1.912 8	0.001 04	0.577	−1.580 8[NS]
基因上游 区域	粒用高粱	168	71	4.749 8	0.002 65	0.782	−1.911 7*
	甜高粱	26	45	6.076 9	0.003 32	0.898	−1.843 2*
	饲用高粱	8	5	2.500 0	0.001 36	0.679	1.344 2
野生高粱 (*S. verticilliflorum*)		9	34	9.750 0	0.005 37	0.972	−1.111 8[NS]

（续表）

基因区域	分类	样品数 (n)	多态性位点数目 (S)	核苷酸多态性平均数 (k)	核苷酸多态性 (π)	单倍型多态性 (hd)	Tajima's D
外显子	栽培高粱	242	45	0.761 8	0.000 22	0.443	-2.601 9[***]
	常用高粱	40	11	0.689 7	0.000 20	0.364	-2.225 1[**]
	粒用高粱	168	32	0.830 4	0.000 24	0.480	-2.470 1[***]
	甜高粱	26	6	0.532 3	0.000 15	0.412	-1.957 9[*]
	饲用高粱	8	0	0.000 0	0.000 00	0.000	NA
	野生高粱 (S. verticilliflorum)	9	10	3.055 6	0.000 87	0.889	-0.789 3[NS]
基因区	内含子 栽培高粱	242	57	2.521 3	0.000 69	0.738	-2.162 1[**]
	常用高粱	40	14	2.009 0	0.000 54	0.683	-1.229 5[NS]
	粒用高粱	168	53	2.566 7	0.000 69	0.694	-2.195 6[**]
	甜高粱	26	6	1.233 8	0.000 33	0.655	-0.637 2[NS]
	饲用高粱	8	6	2.107 1	0.000 56	0.857	-0.416 8[NS]
	野生高粱 (S. verticilliflorum)	9	45	16.055 6	0.004 31	0.917	-0.154 0[NS]

基因区域	分类	样品数 (n)	多态性位点数目 (S)	核苷酸多态性平均数 (k)	核苷酸多态性 (π)	单倍型多态性 (hd)	Tajima's D
基因下游区域	栽培高粱	242	21	1.267 4	0.001 58	0.515	$-1.677\,7^{NS}$
	常用高粱	40	5	0.384 6	0.000 44	0.233	$-1.712\,0^{NS}$
	粒用高粱	168	21	1.560 8	0.001 94	0.564	$-1.583\,3^{NS}$
	甜高粱	26	4	0.750 8	0.000 85	0.591	$-0.758\,1^{NS}$
	饲用高粱	8	1	0.250 0	0.000 28	0.250	$-1.054\,8^{NS}$
	野生高粱（S. verticilliflorum）	9	17	3.777 8	0.008 41	0.417	$-1.927\,9^{**}$

附表7　Ma_1各个分区的核苷酸多态性

基因区域	分类	样品数 (n)	多态性位点数目 (S)	核苷酸多态性平均数 (k)	核苷酸多态性 (π)	单倍型多态性 (hd)	Tajima's D
Ma_1全部区域	栽培高粱	54	181	23.711 4	0.002 02	0.966	$-1.462\,8^{NS}$
	常用高粱	6	24	9.933 3	0.000 84	0.800	$-0.345\,7^{NS}$
	粒用高粱	44	168	24.104 7	0.002 05	0.953	$1.401\,8^{NS}$
	饲用高粱	4	35	18.500 0	0.001 56	1.000	$-0.320\,8^{NS}$
	野生高粱（S. verticilliflorum）	5	87	37.600 0	0.003 20	1.000	$-0.798\,1^{NS}$

（续表）

基因区域	分类	样品数（n）	多态性位点数目（S）	核苷酸多态性平均数（k）	核苷酸多态性（π）	单倍型多态性（hd）	Tajima's D
5'-非翻译区域	栽培高粱	54	27	5.789 7	0.004 56	0.870	-0.074 5^{NS}
	帚用高粱	6	4	1.866 7	0.001 40	0.733	0.355 4
	粒用高粱	44	26	6.307 6	0.004 97	0.832	0.185 2
	饲用高粱	4	4	2.000 0	0.001 50	0.833	-0.780 1^{NS}
	野生高粱（*S. verticilliflorum*）	5	24	10.000 0	0.007 84	0.900	-0.980 9^{NS}
外显子基因区	栽培高粱	54	8	1.120 2	0.000 61	0.558	-0.973 4^{NS}
	帚用高粱	6	1	0.533 3	0.000 29	0.533	0.850 6
	粒用高粱	44	6	1.087 7	0.000 59	0.477	-0.552 6^{NS}
	饲用高粱	4	1	0.666 7	0.000 36	0.667	1.633 0
	野生高粱（*S. verticilliflorum*）	5	8	3.200 0	0.001 74	0.900	-1.174 3^{NS}

（续表）

基因区域	分类	样品数（n）	多态性位点数目（S）	核苷酸多态性平均数（k）	核苷酸多态性（π）	单倍型多态性（hd）	Tajima's D
内含子							
基因区	栽培高粱	54	140	16.415 1	0.001 97	0.856	-1.681 7^{NS}
	常用高粱	6	18	7.000 0	0.000 84	0.600	-0.696 8^{NS}
	粒用高粱	44	131	16.482 0	0.001 98	0.825	-1.677 9^{NS}
	饲用高粱	4	28	14.833 3	0.001 78	0.833	-0.297 1^{NS}
	野生高粱（*S. verticilliflorum*）	5	48	21.600 0	0.002 59	1.000	-0.615 8^{NS}
3'-非翻译区域	栽培高粱	54	6	0.386 4	0.001 22	0.266	-1.771 3^{NS}
	常用高粱	6	1	0.533 3	0.001 68	0.533	0.850 6
	粒用高粱	44	5	0.227 3	0.000 71	0.090	-1.998 3*
	饲用高粱	4	2	1.000 0	0.003 15	0.833	-0.709 9^{NS}
	野生高粱（*S. verticilliflorum*）	5	7	2.800 0	0.008 89	0.700	-1.161 7^{NS}